W0253877

WERKSTATTBÜCHER

FÜR BETRIEBSANGESTELLTE, KONSTRUKTEURE UND FACHARBEITER. HERAUSGEGEBEN VON DR.-ING. H. HAAKE, HAMBURG

Jedes Heft 50—70 Seiten stark, mit zahlreichen Abbildungen

Die Werkstattbücher behandeln das Gesamtgebiet der Werkstattstechnik in kurzen selbständigen Einzeldarstellungen: anerkannte Fachleute und tüchtige Praktiker bieten hier das Beste aus ihrem Arbeitsfeld, um ihre Fachgenossen schnell und gründlich in die Betriebspraxis einzuführen.

Die Werkstattbücher stehen wissenschaftlich und betriebstechnisch auf der Höhe, sind dabei aber im besten Sinne gemeinverständlich, so daß alle im Betrieb und auch im Büro Tätigen, vom vorwärtsstrebenden Facharbeiter bis zum leitenden Ingenieur, Nutzen aus ihnen ziehen können.

Indem die Sammlung so den Einzelnen zu fördern sucht, wird sie dem Betrieb als Ganzem nutzen und damit auch der deutschen technischen Arbeit im Wettbewerb der Völker.

Einteilung der bisher erschienenen Hefte nach Fachgebieten

I. Werkstoffe, Hilfsstoffe, Hilfsverfahren

II. Spangebende Formung

(Fortsetzung 3. Umschlagseite)

WERKSTATTBÜCHER
FÜR BETRIEBSANGESTELLTE, KONSTRUKTEURE UND FACH-ARBEITER. HERAUSGEBER DR.-ING. H. HAAKE, HAMBURG
HEFT 9

Rezepte für die Werkstatt

Von

Dr. rer. nat. Wilhelm Barthels
Hamburg

Sechste Auflage
des früher von **F. Spitzer** †
bearbeiteten Heftes

(35. bis 40. Tausend)

Springer-Verlag Berlin Heidelberg GmbH

ISBN 978-3-540-01857-5 ISBN 978-3-642-88102-2 (eBook)
DOI 10.1007/978-3-642-88102-2

Inhaltsverzeichnis.

Vorwort.

Die neue — sechste — Auflage[1] des Heftes „Rezepte für die Werkstatt" wurde auf den gegenwärtigen Stand der Technik gebracht.

Rezepte für die Werkstatt: das soll heißen, in einer Werkstatt nimmt man Rohstoffe hervor und verarbeitet und veredelt sie, mit dem Kopf und mit der Hand.

Ein Stück davon gibt dieses Heft. Sein Inhalt wurde auf Metalle beschränkt, bleibt streng bei den Methoden, die es uns im Laufe der Zeit gestatteten, die Metalle unseren Absichten zu unterwerfen und bestimmten Notwendigkeiten dienstbar zu machen. Denn alle Metalle sind von Natur aus veränderlich, erst der Mensch macht sie zu seinen Dienern. Sagen wir schlichter: wir haben uns Ziele gesteckt, die wir erreichen müssen, wenn wir über das Materielle herrschen wollen.

Dieses Heft bleibt — das bedingt sein Umfang — eine kleine Arbeit über das große Thema: was ist Metall und was kann und was muß damit in der Werkstatt geschehen? Ein paar Grenzgebiete sind angeschlossen. Der Praktiker soll die leitende Hand spüren. Es handelt sich um Bottich, Gerät und Kopf.

Rezepte für die Werkstatt: sie sind lebendiges Wissen, das jeden Tag neu erarbeitet werden sollte.

Anleiten möchte dieses Heft — nicht vollenden: und eine Reihe von Irrtümern verhindern, die andere vor uns begingen, so daß wir sie nicht wiederholen müssen.

I. Vorbereiten der Metalloberfläche einschließlich Entrosten.

A. Mechanisches Vorbereiten.

1. **Eisen und viele Nichteisenmetalle** laufen an der Grenzfläche Metall/Luft oder Metall/Wasser an, die äußerste Metallschicht geht chemische Verbindungen mit Luft oder Wasser ein. Bekannter Vorgang: Eisen rostet bei gewöhnlicher Temperatur und verzundert im Walzwerk bei hohen Wärmegraden. Das Verrosten geht bis zur Zerstörung des Eisens. Augenschein: Rost blättert ab, dies chemisch verwandelte Eisen ist verloren. Der Vorgang des Verrostens ist ein Beispiel für den Sammelbegriff „Korrosion".

2. **Metalloberflächen** in der Werkstatt sind aber, davon abgesehen, niemals rein, sondern verschmutzt durch Öl, Wachs, Harz, Pech und vieles andere.

3. Man muß sich von vornherein klar werden darüber, wieweit die Vorbereitung gehen muß. Beispiel: manchmal ist eine Walzhaut so gut, daß man den Gegenstand in Fließarbeit entfetten und unmittelbar lackieren kann.

4. Im übrigen besteht die vorbereitende Arbeitsweise im wesentlichen im Sandstrahlen, Reinigen, Scheuern, Beizen, Schleifen, Polieren.

5. **Grober Rost** wird mechanisch entfernt. Sand oder andere Schleifmittel werden mit Druckluft in verschiedenen Körnungen, die gewählt werden müssen, auf das Werkstück geschleudert, die ausführenden Personen tragen die unentbehrliche Schutzkleidung. Man reinigt und entgratet ferner in Scheuertrommeln, Scheuerglocken, in Rollfässern bei wechselnden Umdrehungen mit verschiedenem Scheuer-

[1] Die 1. Auflage (von H. Krause) erschien 1922. Die 2. bis 5. Auflage (1927, 1936, 1943, 1948) bearbeitete Studienrat Dr. Fritz Spitzer (gest. 1951).

material, das aus scharfem Flußsand mit oder ohne Anfeuchten durch Schwefelsäure, aus Flußsand zusammen mit verschiedenen Schmirgelkörnungen, aus Schmirgel für sich allein, aus Karborund usw. besteht und richtet sich nach der Härte der Metalloberfläche, ob Eisen, Stahl oder weichere Metalle.

6. **Das Sandstrahlen** wird hauptsächlich in Gießereien geübt. Reinigen und Entgraten, Scheuern und Polieren kommt z. B. für Bolzen, Federn, Haken, Kettenglieder, Schrauben, Muttern, Ösen, Krampen, Beschlagteile, Metallknöpfe und vieles andere in Frage. Vielfach genügt Trockenscheuern mit Sand, Schmirgel oder Bimsmehl. Der Zusatz von Schwefelsäure beim Naßscheuern wirkt entrostend, milder als Schwefelsäure wirken saure Salze. Besonders wertvoll ist die Technik der Sparbeizen, sie vermeidet zu starken Angriff auf das Grundmaterial.

7. **Die Vorrichtungen zum Scheuern** und Polieren sind sich ähnlich. Meistens hat man Trommeln aus Stahlblech oder für weichere Metalle aus Holz, sie sind langgestreckt oder kurz und gedrungen. Je größer der Durchmesser, desto größer der Beschickungsdruck und damit die Scheuerwirkung. Kippbare Scheuerglocken schonen empfindliches Beschickungsgut aus dünnwandigem Material durch günstigen Neigungswinkel. Die Zeit der Bearbeitung in den Trommeln heißt die Trommeldauer.

8. **Vom Reinigen** über Scheuern bis zum Polieren wird die Arbeitsweise immer feiner, die Trommeldauer daher manchmal recht lang, 24 Stunden und mehr. Zum Polieren dienen gehärtete Stahlkugeln oder Stifte, milde wirkende Poliersalze statt der Schwefelsäure, ausnahmsweise Alkalihydroxyde, vorzugsweise Karbonate, Cyanide, Neutralsalze organischer Säuren, wie Oxalsäure, Malonsäure, Citronensäure.

9. **Zum Nacharbeiten,** besser gesagt zum Polieren auf haltbaren Nachglanz dienen Polierseife, organische Netz- und Emulgiermittel. Die unter den verschiedensten Handelsnamen verfügbaren Fettalkoholsulfonate haben besondere Bedeutung erlangt. Ein Beispiel: Polieren auf Nachglanz mit Stahlkugeln und Wasser unter Zusatz von 1 auf 1000 Fettalkoholsulfonat und Nachtrommeln mit Sägespänen aus harzfreiem, vorzugsweise Pappel- oder Lindenholz.

10. **Bei Rohguß** wird die Gußkruste aufgelöst. Das ist der Vorgang des Beizens. Dann wird mit Stahldraht von Hand oder durch umlaufende Bürsten gekratzt. Die Kratzbürsten hält man ständig feucht mit Wasser und setzt, um die Wirkung zu erhöhen, Essigsäure oder rohen Weinstein hinzu. Beispiel: Bürstendurchmesser 250 mm, Drahtstärke 0,15—0,3 mm, Umdrehungszahl n 800/min. Für feinere Arbeiten nimmt man weicheren Draht aus Messing mit Durchmessern von 0,05—0,15 mm.

11. **Schleifen** ist ein besonderer, die Oberfläche vorbereitender Arbeitsgang. Eine geschliffene Oberfläche wird selten weiter veredelt, es handelt sich fast immer um Paßschliff, Fläche gegen Fläche. Grobes Beispiel: an Kettengliedern ist so gut wie kein Paßschliff anzubringen, ein Hammer wird durch Schleifen zugeformt. So nimmt neben dem Entrosten, dem Beizen, Reinigen, Scheuern und Polieren das Schleifen, das wiederum mit einem besonderen Poliervorgang verbunden ist, eine Sonderstellung ein.

12. Das Schleifen zerfällt im allgemeinen in *drei Schleifvorgänge:* a) Herstellen einer glatten Oberfläche, die anschließend meistens besonders fein poliert werden muß. b) Schleifen zum Verformen von Werkstücken durch Flächen-, Rund- und Paßschliff. c) Werkzeugschleifen als Schärfen von Schneidewerkzeugen. Somit bedeutet eigentlich nur Punkt a) ein Vorbereiten einer Metalloberfläche bei diesen Schleifvorgängen.

13. Die schleifende Oberflächenveredlung wird unterteilt in Grobschliff, den man auch Vorschliff nennt, in Feinschliff und in feinsten Schliff. Beispiele: für den *Grobschliff* dienen Schmirgelscheiben aus künstlichen Schleifmitteln, etwa Siliziumkarbid oder Elektrokorund mit organischer oder anorganischer Bindung. Bindung ist die Substanz, die das Korn zusammenhält. Korn, dessen Härte und die Umfangsgeschwindigkeit der Scheiben werden jeweils mittels besonderer Tabellen ausgewählt. Auch auf Leder oder auf mit losem Schmirgel beleimter Scheibe kann grob geschliffen werden. Herdrahmen und Platten schleift man mit Sandsteinen unter Wasserspülung. Für den *Feinschliff* nimmt man Pappelholzscheiben, die mit Filz, Leder oder Pappe belegt sind oder schmirgelbeleimte Korkscheiben. Beim *feinsten Schliff* muß man besonders vorsichtig zu Werke gehen. Das macht man heute mit Schleifkompositionen aus Feinschmirgel 00 bis 0000, Schleiffetten und -ölen unter Benutzung von Filzscheiben. Der Druck der Scheibe gegen das Werkstück und ihre eigene Elastizität ist wichtig. Noch feiner wird die Sache mit Schwabbelscheiben aus Tuch oder Flanell, die wenig Druck ausüben bei großer Nachgiebigkeit. Dafür geht man mit den Umdrehungen ziemlich hoch, n gleich 2000 bis 2500 U/min.

14. Auch der so erzielte feinste *Schliff* kann oder muß noch *nachpoliert* werden. Das Verfahren mit den Schwabbelscheiben bleibt im allgemeinen, aber aus den Schleifmitteln werden jetzt Poliermittel, die ihrerseits sehr fein sein und außerdem sehr fein angerieben werden müssen. Beispiele: gebranntes Kaliumkarbonat, unter dem Namen „Wiener Kalk" bekannt, mit Oleinfettsäure, die durch Stearingehalt verfestigt werden kann, weiter Polierrot, das ist Eisenoxyd in höchsten Feinheitsgraden, welches auch zum Polieren von Spiegelglas dient, Polierschiefer — als Tripel bekannt —, Chromoxyd, als Poliergrün gehandelt. Hier lassen sich mit einem entsprechenden Zeitaufwand und sehr feinen Poliermitteln die erstaunlichsten Erfolge erzielen.

15. Billig und bequem kann man *auf elektrolytischem Weg polieren.* Dieses Verfahren wird bei Massengütern angewandt. Man verfährt so, daß die Gegenstände im galvanischen Bad positiver Pol, Anode, werden. Es handelt sich im Grunde genommen um einen sehr verfeinerten Beizvorgang. Billiges, aber nicht besonders wertvolles Verfahren.

16. Beim *Schleifen von Aluminium* muß man darauf Rücksicht nehmen, daß Aluminium ein sehr weiches Metall ist. Bürsten und Scheiben, die schon zur Bearbeitung anderer Metalle gedient haben, sollen bei Aluminium nicht benutzt werden, denn es können Splitter dieser anderen Metalle in das Aluminium eindringen und dessen Oberfläche zerstören. Für Putz- und Abgratarbeiten kommen Elektrokorund-, für Fein- und Flächenschliff Siliziumkarbid-Schleifscheiben in Frage. Die beste Bindung und Körnung entnimmt man den Tabellen der Lieferfirmen, die Angaben sind wichtig. Weiche bis mittelharte Schleifscheiben, Härte J für automatischen Rund- und Feinschliff, Härte M und N für Abgraten und Grobschliff. Regel: leichter Schleifdruck bei hoher Umlaufgeschwindigkeit.

17. Die physikalischen Eingriffe in die Metalloberfläche haben wir vorweggenommen. Sandstrahlen, Scheuern, Polieren, feinstes verformendes Schleifen haben weiter keine chemische Nachbehandlung im Gefolge. Ist diese aber beabsichtigt, soll die Metalloberfläche im eigentlichen Sinn veredelt werden, dann sind Sandstrahlen, Scheuern, Polieren usw. nur physikalische Vorgänge, die in einen chemischen Ablauf an passender Stelle einzuschalten sind, und am wichtigsten in der Vorbereitung werden das Reinigen und das Entfetten der Werkstücke.

B. Entfetten.

18. Saubere, gereinigte Teile erleichtern die Arbeit. Das ist sowieso die Regel, auch bei den physikalischen Eingriffen. Es ist aber richtiger, diese Sache erst jetzt, in dem Augenblick zu besprechen, in dem wir zu den chemischen Eingriffen in die Metalloberfläche kommen. Was hier zusammengefaßt wird, ist stets sinngemäß anzuwenden, so einfach man unter Umständen auch arbeitet.

19. Es muß gleich gesagt werden, daß *Reinigen nicht dasselbe* ist *wie Entfetten.* Man reinigt durch Abwaschen, Abkochen, Fluten oder Spritzen. Entfetten ist dagegen die wichtigste Vorstufe für die chemische Oberflächenveredlung; wird dabei etwas nicht sorgfältig oder falsch gemacht, packt die Oberflächenveredelung überhaupt nicht an. Entfettete Gegenstände dürfen nicht mehr mit der Hand angefaßt werden, auch Handschuhe können leicht ein Übel werden, denn sie werden im Werkstattbetrieb doch nicht sauber gehalten, die wenigsten Handschuhe, die Verfasser im Werkstattbetrieb sah, waren fettfrei. Drähte, Zangen, Körbe und andere metallische Handhaben für Fließbetrieb sind das beste, da kann nichts passieren. Eine Vorprobe auf die Wirksamkeit der verwendeten Entfettungsmethoden ist das Eintauchen des behandelten Werkstückes in Wasser. An fettfreier Oberfläche muß Wasser abfließen, ohne Tropfen oder Inseln zu bilden. Wie gesagt, eine Vorprobe: die chemische Oberflächenveredlung ist sachgemäß erst sichergestellt, wenn die entsprechenden Versuche im Feuchtraum oder in der Salzsprühkammer befriedigend ausgefallen sind. Vom Reinigen über das Entfetten bis hin zur chemischen Oberflächenveredlung keine langen Pausen einlegen, sondern Fließbetrieb machen. Wenn das aus irgend einem Grund nicht geht, müssen ungewöhnlich peinliche Maßnahmen zum Schutz gegen neue Verschmutzung, Fingerrost und Klimaeinflüsse getroffen werden. Die kleinste Nachlässigkeit bei diesen Dingen kann böse Verluste einbringen.

20. Sprechen wir jetzt zunächst vom *Reinigen.* Für Teile aus Stahl, Eisen, Gußeisen, Temperguß, Messing und Nickel ist am einfachsten heiße, 5 bis 10%ige Sodalösung. Damit kann man kein Unheil machen. Muß man stärker anpacken, dann Ätznatronlösung, aber höchstens 10%ig, das ist schon viel.

Man benutzt am besten eiserne Kochkessel mit unmittelbarer Feuerung oder Dampfheizung und geht bis nahe an die Siedetemperatur. Bei laufenden Arbeiten benutzt man Einrichtungen zum Rühren und Umpumpen und kann dann bei einer Arbeitstemperatur von rd. 85° C bleiben. Es gibt besondere Waschmaschinen und Schaukelapparate. Aluminium und Legierungen aus Leichtmetall, Zink, Zinn und Blei dürfen nicht mit den eben beschriebenen Lösungen, d. h. nicht mit Laugen behandelt werden. Schwache Seifenlösungen sind angängig, am besten sind Fettalkoholsulfonate oder Polyphosphate. Selbst zubereitete Laugen werden oft falsch eingestellt. Verfasser empfiehlt die modernen Industriewaschmittel, die mit ausführlichen Merkblättern für jeden Zweck angeboten werden. Darin muß man nichts selbst wissen wollen, sondern man muß sich beraten lassen.

21. Gereinigte Oberflächen sind empfindlich. Beispiel: wer seine Hände frisch gewaschen hat, hat sie sehr bald wieder angeschmutzt. Man muß die Werkstücke nach dem Abkochen gründlich und sehr heiß abspülen. Dann sind sie fast sofort trocken. Es ist klar, daß sie jetzt sehr empfindlich gegen Flugrost sind, soweit es sich um Eisen handelt, ansonsten gegen anderes Oxydieren. Nach Reinigen mit primitiven Laugen gehört in das Spülwasser ein Rostschutzmittel, das einen begrenzten Rostschutz im Ablauf der Arbeit gewährleistet. Die modernen Industrie-Waschmittel schließen diesen begrenzten Rostschutz ein. Fest eingebaute Maschinen wird man heute nur mit diesen modernen Mitteln reinigen.

22. Eine Oberfläche kann *gereinigt* sein. Damit ist sie noch lange *nicht fettfrei.* Sie muß aber fettfrei sein, wenn man chemisch in die Metalloberfläche zum Zweck der Veredlung eindringen will und hier zuerst hat das Wort „veredeln" seinen Platz. Man nimmt die äußerste Schicht eines Metalles ab und legt eine Schicht aus einem anderen Metall darüber, etwa so: man vernickelt einen Gegenstand aus Eisen. Das geht aber nur, wenn jede Spur von Fett beseitigt ist.

23. **Zum Zwecke des Entfettens** wandelt man die Fette chemisch um oder man suspendiert sie, man bringt sie in ein Schwebeverhältnis gegen Wasser, denn Fette sind in Wasser nicht löslich, man kann Wasser lediglich so zubereiten, daß es Fett von einer Oberfläche abnimmt. Unmittelbar lösen kann man Fett nur in organischen Lösungsmitteln. Sie sind zahlreich und können für jeden Zweck ausgewählt werden. Auch darüber muß man die Merkblätter der Industrie nachlesen. Trichloräthylen kann sehr schädlich sein, Tetrachlorkohlenstoff ist es im allgemeinen nicht.

24. **Wasser** nimmt dann Fett ab, wenn man die Fette *verseift.* Seife wird auch nicht anders gekocht. Aber nicht alle Fette sind verseifbar, z. B. die bekannten Schmieröle. Das sind Mineralöle, die mit Alkalien nur in den eben erwähnten Schwebezustand gegen Wasser gebracht werden können, in eine „Emulsion", die dann freilich mit Wasser abgespült werden kann. Beispiele für den unmittelbaren Vorgang des Verseifens: Behandlung von pflanzlichen Fetten, Ölen und Harzen. Beispiele für den Vorgang des „Emulgierens": Vaselin, Paraffin, Paraffinöl, Schmieröl, Putzöl. Übrigens ist „Bohröl" eine Emulsion von Schmieröl gegen Wasser. Daher kann aus gebrauchtem Bohröl das Öl wiedergewonnen werden.

25. Es wird jetzt klar, daß *Reinigen oft identisch* ist *mit Entfetten.* Schwache Soda- oder Ätznatronlösungen können pflanzliche Fette verseifen, mineralische Fette emulgieren und also abheben.

26. **Alkalische Lösungen** macht man mit Soda, bei geringen Verschmutzungen genügt schon eine 5%ige Lösung. Im übrigen löst man Ätznatron oder Ätzkali in Wasser oder verdünnt die käuflichen, hochprozentigen Laugen. Die Kenntnis der Herstellung von Laugen mit einem besonderen Prozentgehalt muß man sich beschaffen und für diesen Zweck die handelsüblichen Tabellen benutzen. Bei Soda ist die Sache nicht sehr gefährlich, bei Ätznatron oder Ätzkali kann leicht Unsinn gemacht werden. Hochprozentige Laugen von Ätznatron oder Ätzkali werden oft noch nach Graden Beaumé gehandelt. Man soll sich beim Einkauf statt dessen den Prozentgehalt an Ätzkali oder Ätznatron angeben lassen.

Beispiele: Bei Eisen, Stahl, Kupfer, Nickel, Messing, Neusilber kann man für das Entfetten alkalische Lösungen mit bis zu 10% Alkali nehmen, das ist aber reichlich. Zinn, Zink, Blei, Britanniametall und weichgelötete Gegenstände werden mit erheblich schwächeren Lösungen bearbeitet, am besten nicht mehr als 5%. Arbeitstemperatur stets etwa siedende Lösung. Alle Laugen greifen die Haut an, daher Gummihandschuhe benutzen, keine Lederhandschuhe, sie saugen sich voll. Auch hier wieder: moderne Industriewaschmittel sind besser. Vor allen Dingen vermeidet man damit örtliche, garnicht beabsichtigte Korrosionen, die dann wiederum Flecke bei anschließender, weiterer Oberflächenbehandlung geben können.

27. **Kunstgerechtes Entfetten im Fließbetrieb** macht man mit organischen Lösungsmitteln, die das Fett unmittelbar auflösen, also nicht chemisch verwandeln — verseifen — oder emulgieren. Benzin und Benzol können in geschlossener, vorschriftsmäßig gesicherter Apparatur verwendet werden, man bevorzugt aber die garnicht oder schwer brennbaren Lösungsmittel Trichloräthylen, Tetrachlorkohlenstoff, Perchloräthylen. Anwendung in mit Dampf oder elektrisch beheizten

Bädern, ein Tank für Entfetten, einer für Nachwaschen, einer für Abspülen, mit Druckstrahl und Rückgewinnung des Lösungsmittels. Die Bäder sind so konstruiert, daß die Lösungsmitteldämpfe die Atmungsorgane der Arbeiter garnicht erreichen. Wichtig, denn die Dämpfe sind sehr gesundheitsschädlich. Trotzdem Schutz durch Absaugehauben erforderlich. Die abgespülten Gegenstände trocknen noch innerhalb des Badgehäuses, da heiß gearbeitet wird und Tetrachlorkohlenstoff beispielsweise bei 77° siedet. Trichloräthylen und Perchloräthylen können manchmal Ärger geben, sie sind selten ohne Spuren von freiem Chlor und setzen damit leicht den Keim für Rostansatz.

28. Man kann auch *elektrolytisch entfetten.* Das macht man oft bei Massengütern mit flachen oder wenig profilierten Oberflächen, die durch Laugen nicht angegriffen werden. Elektrolytisches Entfetten mit organischen Lösungsmitteln gibt es nicht. Die zu entfettenden Gegenstände werden beim elektrolytischen Verfahren in einem warmen bis heißen Bad als Kathode (—Pol) geschaltet und Spannung und Stromdichte werden so geregelt, daß an den Gegenständen lebhafte Gasentwicklung auftritt. Es bildet sich dann an den Gegenständen Alkali in höherer Konzentration, durch welches verseifbare Fette in wasserlösliche Seifen verwandelt werden. Man muß aber nachher gut spülen, denn es bildet sich auch wasserunlösliche Kalkseife, die unangenehme Filmbildung auf den Gegenständen erzeugen kann. Nicht verseifbare Fette und Öle werden durch die Gasentwicklung (das Gas ist Wasserstoff) mechanisch abgestoßen. Die Entfettung geht auf diesem Weg sehr schnell — in wenigen Minuten — vor sich. Für ihre Ausführung braucht man besondere Apparaturen, die von der Industrie geliefert werden.

29. Hier muß noch eine *besondere Ursache für Korrosion* erwähnt werden. Sie liegt nicht gerade auf der Hand und ist die Ursache, besser gesagt eine der Ursachen, daß wir statt Eisen manchmal geeignetere Werkstoffe suchen oder die Oberfläche des Eisens veredeln müssen, damit es gegen die Angriffe, um die es sich hier handelt, widerstandsfähiger wird. Hier handelt es sich nicht um die Grenzfläche Metall/Luft oder Metall/Wasser. Als Beispiel: Fette und fette Öle reifer, gesunder und unbeschädigter Ölsamen sind neutral und tun eisernen Behältern nichts. Diese Fette und fetten Öle sind aber Gemenge von Fettsäureglyzeriden und können in Ölsamen durch Fermente gespalten werden, wobei bisher an Glyzerin gebundene Fettsäure frei wird. Diese freien Fettsäuren bilden mit Metallen teilweise stark gefärbte Metallseifen, verfärben das Öl in eisernen Behältern und verursachen bei Gegenwart von Feuchtigkeit und Wärme Korrosion. Dergleichen passiert bei Extraktionen von ölhaltigem Extraktionsgut in eisernen Behältern, die nicht veredelt worden sind oder aus Sonderstahl, sogenanntem Edelstahl, bestehen.

30. Das sorgfältige Entfetten beendet den Reinigungsvorgang, aber damit sind die Metalloberflächen für die Veredlung noch nicht fertig zugerichtet. Entfetten macht die Gegenstände sauber, aber in den seltensten Fällen an der Oberfläche metallisch rein. Dazu sind die komplizierteren Vorgänge des Beizens erforderlich.

C. Beizen, Ätzen.

31. Beizsäuren (bei Aluminium nimmt man *Lauge*) wirken nicht an fettigen Oberflächen. Darum haben wir das Reinigen und Entfetten vorher besprochen. Die Fachausdrücke heißen Beizen und Brennen, man spricht bei Kupfer und dessen Legierungen statt von einer Beize auch von einer „Brenne“ (Vorbrenne, Glanzbrenne, Mattbrenne), aber nach Verfassers Ansicht sollte man einheitlich von Beizen reden. Ganz abschaffen sollte man den Ausdruck „dekapieren“, der auch nichts anderes bedeutet als säubern, abklären durch abbeizen. Beizen bedeutet zugleich den etwa vorhandenen Rost entfernen. Als Übergang, als Zwischenstufe zwischen den gebeizten, sozusagen metallisierten Oberflächen und deren veredelndem Überziehen mit Fremdmetall, das nach seinen besonderen Eigenschaften und für den besonderen Zweck ausgewählt wird, schildern wir den Schutz gegen neuen Rost, kurz Rostschutz genannt, weil dieser spezialisiert ist. Lediglich Ätzen hat noch eine Sonderstellung.

32. Beizen ist die Entfernung der Oxydschichten von geglühten oder verzunderten Metallgegenständen, ihre Oberfläche wird frisch metallisiert, manchmal mit, manchmal ohne Verfärbung, die gesteuert werden kann, nicht zu verwechseln mit chemischer Metallfärbung.

33. Es ist sehr schwer, in Kürze *Begriffe über den Beizvorgang* zu geben, die wirklich im Gedächtnis haften. Verwendet werden hauptsächlich Schwefelsäure und Salzsäure. Wie wollen zunächst einmal die hauptsächlichen Begriffe aufstellen, die der Beizvorgang im Vorstellungsvermögen auslöst. An Rezepten ist dann später kein Mangel. Wir kommen darauf. Es handelt sich um Beschaffung der Säuren, die frei von Arsen sein müssen, denn etwa sich bildender Arsenwasserstoff ist fürchterlich giftig, um die Kosten der Säuren, um Transport, Transportbehälter und Beizbehälter, um die Art des Angriffs der Säuren auf das Beizgut, also ihre spezifische Beiz- und Entrostungswirkung mit besonderer Berücksichtigung der Zunderentfernung, um die Temperatur beim Beizvorgang und die Beizdauer, um die Arbeitsweise und die Wirtschaftlichkeit, um Beizbrüchigkeit und Wasserstoffbrüchigkeit, welche Gegenstände und Beizen schädigen. Das muß in besonderen Handbüchern nachgelesen werden, sonst läßt sich die Wirtschaftlichkeit des Vorgangs nicht errechnen, auf die alles ankommt. Man kann dabei sehr viel Geld verlieren.

34. Grundsatz ist möglichst *kurzes Einwirken* der Säure, denn die Säure greift die Metalloberfläche an, was unnötig an Metall gelöst wird, ist verloren. Darum passiviert (unempfindlich machen) man schon lange das eigentliche Eisen, den Kostenträger des Beizvorganges durch Zusätze zur Beize, die man Inhibitoren (Zurückhalter, Hinderer) nennt. Dann wird die Auflösung von Rost und Zunder nicht behindert, das eigentliche Metall gegen die Säure aber sehr viel passiver. Man nennt diese Zusätze Sparbeizen. Die Rezepte dafür sind nicht zu zählen und auf jeden Beizvorgang besonders abgestimmt. Es wird aber viel Unsinn damit gemacht, daher Sparbeizen nur von seriösen Firmen beziehen und genau nach Anleitung verfahren. Im Prinzip handelt es sich bei den Sparbeizen um Rückstände aus der Teerdestillation. Leistungsfähigkeit prüfen, prüfen, ob die Anleitung stimmt, also Versuchsserie auflegen.

35. Die Beizkästen werden aus Holz gemacht und mit Blei- oder Sonderauskleidung versehen. Die Abmessungen sind je nach Größe des Beizgutes verschieden, beispielsweise 3 mal 1,5 mal 1,5 m, oft größer in Sonderausführungen, oft kleiner, wenn mit Sparbeizen gearbeitet wird. Die Beizen erschöpfen sich im Gebrauch, chemische Vorgänge bilden Schlamm und Schwebstoffe. Daher bekommen die Beizkästen Bodenroste, dann wird man durch die Reaktionsprodukte nicht behindert.

37. Salzsäure ist billiger als Schwefelsäure, die letzte ist aber bequemer in der Anwendung und hygienischer. Allgemeine Regeln: Die Beizzeit wird durch höhere Säurekonzentrationen abgekürzt. Die Säurekonzentration soll während des Beizvorganges, auch im großen Fließbetrieb, annähernd gleich gehalten, muß also kontrolliert werden, am einfachsten mit einer Senkspindel. Handeln und behandeln Sie Ihre Säuren nach Prozenten und nicht nach Graden Beaumé, das ist ein alter Zopf, der endlich wegfallen sollte. Temperatur des Bades möglichst gleich halten, bei frischer Säure rd. 45—50° C, bei älterer etwas höher, jedoch 55° C nicht überschreiten. Immer daran denken, daß Beizen ein einschneidender chemischer Vorgang ist, der Säure und Metall kostet. Das Beizen dauert 5—15 Minuten, je nach Säurekonzentration und zu lösender Oxydschicht. Sparbeizen kürzen die Beizdauer ab. Für jede Materialsorte getrennte Beizbäder nehmen, Beizflüssigkeit bewegen, am besten mit Preßluft. Große Stücke können mit Entrostungspasten behandelt werden, bei denen die Beize oder Sparbeize durch säurebeständige, tonige Füllstoffe bis zur Streichfähigkeit verdickt worden ist. Diese Pasten haften auch an senkrechten Flächen und trocknen während der Reaktion nicht ein. Auftragen mit Spachtel, Pinsel oder Spritzpistole 1—3 mm dick, abwaschen mit Wasser. Solche Spritzverfahren eignen sich besonders zur Entrostung sehr großer Flächen.

38. Nach dem Beizen spülen, spülen und noch einmal spülen, auch wenn der Beizvorgang in mehrere Abteilungen zerfällt. Spülen, um Säurereste vollständig zu entfernen, spülen, um Verunreinigungen aus einanderfolgenden Bädern zu vermeiden. Man spült in mehrteiligen Behältern mit Zu- und Überlauf und am besten mit Einblasen eines Luftstromes in das Spülwasser und vor allen Dingen heiß mit abgestimmten, die Säurereste neutralisierenden Zusätzen nicht aggressiver Natur aus Soda oder Pottasche oder im umgekehrten Fall aus milden Ameisensäure-, Essigsäure- oder Weinsäurelösungen in Gefäßen aus Steinzeug oder Holz. Die Metalloberfläche hat Poren. Wir sprechen von Porenschläuchen. Niemand glaubt, wie hartnäckig Spuren von Badflüssigkeiten von diesen Porenschläuchen festgehalten werden, niemand denkt aber auch so leicht daran, was für technische Katastrophen daraus entstehen können, es fängt damit so harmlos an und hört so schlimm auf und nachher ist es niemand gewesen.

39. Nach dem Spülen ist Trocknen das wichtigste. Es kann nicht sorgfältig genug geschehen. Man arbeitet beispielsweise in vorgewärmten oder dauernd beheizten Trockentrommeln, die mit harz- und säurefreien Pappel- oder Ahornsägespänen beschickt werden. Abstellen des Trockengutes in klimaregulierten Räumen; Schwitzwasser kann dem Auge unsichtbar sein und verheerende Folgen haben. Kein Einwickeln in Papier. — Den Rostschutz nach dem Beizvorgang besprechen wir als Überleitung im II. Abschnitt.

40. Verdünnte Säuren stets so herstellen, daß die Säure in das Wasser gegossen wird, nicht umgekehrt, denn das kann lebensgefährlich werden. Wird Salpetersäure mit verwendet, dann wird die Schwefelsäure in die Salpetersäure gegossen, alles portionsweise unter Rühren, die Berechnung und die abgewogenen Mengen müssen vorher fertig sein. Es treten immer Säuredämpfe auf, gegen die man sich durch Masken mit Atemfilter, Frischluftgeräte oder Absaugevorrichtungen schützt. Die Wirkung dieser Geräte muß geprüft und kontrolliert werden. Vor allen Dingen Augenschutz! Durch Nicht-Anlegen von Schutzbrillen entstehen die fürchterlichsten Unfälle, die einschlägige medizinische Praxis ist grauenhaft, weil Säure- oder Laugenschäden an den Augen selten ohne Folgen sind; sie kosten in fast allen Fällen das Augenlicht.

41. Einige einfache Beispiele für metallisierendes, nicht zugleich auch färbendes Beizen:

Für Gußeisen: 5%ige Schwefelsäure, Temperatur 20—25° C. Beizdauer 10 bis 24 Stunden, Wirkung beobachten.

Für Stahl: 10%ige Schwefelsäure, Temperatur 30—40° C, Beizdauer 2—10 Stunden, Wirkung beobachten.

Hier wie auch sonst genügen rohe, aber arsenfreie Säuren. 5%ige bis 10%ige

Salzsäure geht auch, Schwefelsäure geht besser und gibt weniger Dämpfe.

Rostfreier Stahl: 10%ige Schwefelsäure bei 70—80° C.

Dieses Material ist schwer angreifbar, daher nimmt man manchmal ein Gemisch aus 50% Salzsäure, 10% Salpetersäure und 40% Wasser bei 60—70° C. Wirkung stets beobachten. — Vgl. Nr. 44.

42. Allgemein: Säuren sind nie 100%ig, die konzentrierten Säuren haben eine ölige Beschaffenheit, sind aber nicht wasserfrei. Wenn hier von einer x%igen Säure gesprochen wird, so ist das auf die höchst konzentrierte Handelsform bezogen. Die Lieferer der Säuren sind verpflichtet, auf den Rechnungen den Prozentgehalt der Säuren anzugeben, danach richtet sich der Preis.

43. Weitere Beispiele: *Temperguß* mit Salzsäurebeize 50%ig.

Draht: etwa 12%ige Schwefelsäure mit $^1/_4$—$^1/_2$% Sparbeize.

Feinbleche und Bandeisen: ebenso oder rd. 65%ige Salzsäure mit demselben Beizzusatz. Noch einfacher: rd. 50%ige Salzsäure.

44. Nicht rostende Stähle: Das sind besonders rost- und säurebeständige Stähle, die man nach Schweißen und anderer Wärmebehandlung noch — neben der Beize — mit Stahlbürsten besonders blank bürstet.

Hier trennt man in *Vorbeize* und *Nachbeize*, es können nur Anhaltspunkte gegeben werden, um in bestimmte Fabrikationsvorschriften der Firmen nicht einzugreifen. Vorbeizen können bestehen aus 10%igen Säuren bei 20—60° C, Beizdauer etwa 1 Stunde, bei VA- und VC-Stählen aus 5—10%iger Schwefelsäure, Temperatur bis 65° C, Beizdauer bis 60 Minuten, bei VM- und VF-Stählen aus 10%iger Schwefelsäure, Temperatur bis 60° C, Beizdauer etwa $^1/_2$ Stunde, Zusatz von 5 kg Viehsalz auf 100 Teile fertige Beizsäure. Da in der Regel niemand weiß, was Viehsalz ist, sei hinzugefügt, daß es sich dabei um bergmännisch abgebautes, nicht besteuertes ganz gewöhnliches Steinsalz handelt, dem aus steuerpolitischen Gründen roter, eisenoxydhaltiger Ton oder Ziegelmehl beigemischt werden, um das Produkt vom besteuerten Speisesalz zu unterscheiden.

Die *Nachbeize* für alle Sorten nichtrostenden Stahl mildert man durch Abkürzen der Beizdauer und bleibt dabei um bis 20 Minuten für VA-Stähle, bis 10 Minuten für VM-, VF- und VS-Stähle. Das Beizbad bleibt ziemlich scharf, 50%ige Salzsäure, 100 Teile davon erhalten einen Zusatz von 5 Teilen 50%iger Salpetersäure und 2,5 Teilen einer Lösung aus 95 Teilen Schwefelsäure und 5 Teilen Sparbeize bei einer Beizbadtemperatur bis 55° C.

Man sieht, daß die Sache hier in die angewandte Chemie geht und kaum noch ohne verbindliche Erfahrungen zu machen ist, die der Betriebs- oder beratende Ingenieur zusammen mit dem eingearbeiteten Chemiker vermitteln sollte. Beizen ist und bleibt, ganz abgesehen von der Güte des erzielten Produktes, ein wesentlicher Kostenpunkt in der Kalkulation.

45. Nun kommen wir auf *besondere Teile aus der Eisen- und Stahlproduktion*, beispielsweise auf gewalzte Bleche aus mehr oder weniger legierten Stählen. Da wird das Beizen erst recht eine Wissenschaft für sich, die in einem Werkstattbuch, das dem Lernenden lediglich Hinweise geben soll, nicht aus Originalvorschriften abgehandelt werden kann. Man arbeitet auch hier mit wechselnden Zusammensetzungen von Schwefelsäure, Salpetersäure und Salzsäure mit und ohne Sparbeizen und geht auf Temperaturen um 60° C bei einer Beizdauer von etwa 1 Stunde, — weniger, wenn Sparbeize verwendet wird. Die Art der Behandlung richtet sich nach den Legierungen, die sehr kompliziert sein können. Da muß dann der Hersteller Sondervorschriften geben.

46. Metallisierende, aber *zugleich färbende Beizen* sind bei Kupferlegierungen das Gegebene, ohne jedoch eine eigentliche Metallfärbung zu sein, die besonders besprochen werden muß, da Grenzgebiet. Darum macht man Zusätze zu den Beizbädern und spricht jeweils von einer Gelb-, Glanz- oder Mattbrenne. Diese Sachen besonders werden zur Chemie, denn es kommt nicht nur darauf an, einzelne Bestandteile zu mischen, sondern Mischen und Lösen muß nach chemischem Gebrauch durchgeführt werden. Je ein Beispiel für Gelb-, Glanz- und Mattbeizen — nach Sprachgebrauch in der Werkstatt „Brennen" — und zwar für Kupferlegierungen/Messing.

Gelbbeizen: Man benutzt eine Mischung aus 50% Kochsalz und 50% gutem Ruß — am besten Lampen- oder Azetylenruß, Kienruß ist veraltet — und rührt die Mischung mit der 10fachen Menge Salpetersäure, bezogen auf Trockensubstanz, an. Die Säure sollte etwa 50% Gehalt an HNO_3 haben. Ruß und Kochsalz werden im Mörser gründlich gemischt — bei größeren Mengen in der Mischtrommel — und in das Beizgefäß gebracht. Dann bringt man vorsichtig die Salpetersäure ein und rührt mit Glasstab gut durch. Die Mischung bleibt 24 Stunden stehen und wird dann vor Gebrauch wieder gut durchgerührt.

Glanzbeizen macht man mit derselben Menge Trockensubstanz im gleichen Mischungsverhältnis, rührt aber mit der 20fachen Menge Salpetersäure vom Gehalt wie bei der Gelbbeize und der 10fachen Menge Schwefelsäure konzentriert an. Säuremengen wieder auf Trockensubstanz bezogen.

Mattbeize macht man aus 600 Teilen Salpetersäure und 400 Teilen Schwefelsäure in den eben erwähnten Konzentrationen und fügt 2 Teile Zinkvitriol, gelöst in 10 Teilen Wasser, hinzu, sobald das Säuregemisch erkaltet ist.

47. Sehr stark greift das sogenannte *Königswasser* an, das ja auch Gold löst. Es besteht aus 25% reiner Salpetersäure vom spez. Gewicht 1,4 und 75% reiner Salzsäure vom spez. Gewicht 1,130. Die Salpetersäure wird der Salzsäure in kleinen Mengen langsam zugesetzt.

48. Es kann nicht eindringlich genug davor *gewarnt* werden, daß alle Säuregemische beim Mischungsvorgang warm und meistens sehr heiß werden. Schützen Sie die Augen und Atmungsorgane! Und noch eins: verwenden Sie keine Flußsäure. Sie ist maßlos gefährlich und, von ganz besonderen Fällen abgesehen — beim Ätzen von Glas — unnötig.

49. Ein Beispiel für metallisierende Behandlung — sie liegt dem Beizen sehr nahe, ist ja eigentlich ein Beizen — mag am Ätzen von Messingschildern gegeben werden. Daran möge sich dann einiges anschließen über Aluminium-Beizlösungen und Aluminium-Ätzlösungen, denn Aluminium ist ein ganz besonderer Stoff, wie wir ja wissen. Sodann haben wir bis zur eigentlichen Metalloberflächenveredlung, die mit geringster Edelauflage aus ordinären Dingen sozusagen Kostbarkeiten macht, noch 2 Übergänge: das Färben von Metall und als Zwischengebiet den Rostschutz mit den Unterabteilungen Schutz- und Zieranstriche und Emaillieren. Denn dem Verfasser liegt daran, herauszustellen, daß die eigentliche Oberflächenveredlung der Metalle immer nur dann gegeben ist, wenn ein bestimmtes Metall einen Überzug aus einem anderen Metall erhält, sei er edler oder sei er zweckmäßiger.

50. Ätzen am Beispiel von Messingschildern. Ätzen bedeutet beispielsweise, eine Metalloberfläche mit bestimmten Zeichnungen versehen und das übrige unverändert lassen. Man braucht also eine Schutzschicht, die für das Ätzmittel unangreifbar ist und Aussparungen, in denen das Ätzmittel typisch, aber begrenzt wirken kann. Man macht die Sache so, daß man — hier also Messingschilder, bei Schildern aus Glas ist der Vorgang anders – zunächst fertig bohrt, schleift und poliert.

Dann übergießt man sie mit einer etwa 2 mm dicken Schicht von Paraffin, das vom Ätzmittel nicht angegriffen wird. Nun kratzt man die Schrift oder Zeichnung, die man einätzen will, sauber in das Paraffin ein, legt also das Messing an diesen Stellen frei. Die Ätzflüssigkeit besteht aus Salpetersäure, Wasser und Kaliumchlorid, dies letzte darum, weil es in Wechselwirkung mit der Salpetersäurelösung tritt. Eine geeignete Ätzlösung kann bestehen aus 5—6% Salpetersäure und etwa 90% Wasser, Rest Kaliumchlorid. Die gewünschte Ätztiefe erreicht man durch wiederholtes Überstreichen mit der Ätzlösung.

51. Beizen und Ätzen von Aluminium. Dabei handelt es sich statt eines Eingriffes, der Krusten und Oxydschichten beseitigt, schon nicht mehr um solche schroffen Vorgänge, vielmehr um ein Verschönern der Oberfläche, denn Aluminium ist gegen Witterungseinflüsse schon ziemlich beständig. Es muß gleich bemerkt werden, daß es eine Legion von Aluminiumlegierungen mit anderen Leichtmetallen gibt und daß die berühmt gewordene Herstellung und Behandlung von Duraluminium, auf der u. a. die ganze Flugzeugindustrie beruht, hier nicht abgehandelt werden kann, das würde einen stattlichen Band für sich allein erfordern. Wir schaffen zunächst einige Begriffe für die Anwendung von Lösungen für das Beizen und das Ätzen von Aluminium, die sinngemäß auf Al-Legierungen übertragen werden können, soweit das nötig ist, denn viele Aluminium-Legierungen sind schon so „edel", daß sie des Beizens nicht bedürfen.

52. Wir wollen beizend schöne, matte, *weiße Oberflächen* erzielen für Skalen, Zifferblätter und andere zu unterlegende Scheiben, manchmal besonders reine, weiße Oberflächen oder eine sehr schöne Mattierung bei Reinaluminium herstellen, und oft geht die Sache in besondere physikalische Anforderungen über beispielsweise brauchen wir hohes Rückstrahlungsvermögen für Licht, Wärme und Ultraviolett. Es gibt da sehr moderne Konstruktionen von Instrumenten, für die solche Strahlungsvorgänge besonders errechnet werden und unter allen Umständen stimmen müssen.

53. Die Beizmittel sind Säuren oder Laugen, bei Aluminium ist Flußsäure leider manchmal nicht zu vermeiden, die Nachbehandlung muß mindestens so sorgfältig sein wie bei den früher beschriebenen Beizvorgängen, da sich eine weitere Veredlung nicht anschließt. Beizen ist hier nicht die Vorbehandlung, sondern die Behandlung überhaupt. Die Beizlösungen sind nicht zu stark, die Behandlungszeiten kurz, die Nachbehandlung besteht stets in sehr sorgfältigem Nachspülen, manchmal zunächst mit dem verdünnten Beizmittel, erst dann mit Wasser, Trocknen fast stets in harzfreien Sägespänen und immer warm und möglichst schnell.

54. Das allgemeine Beizmittel ist 10—20%ige Natronlauge bei einer Behandlungsdauer von etwa 1—2 Minuten und einer Temperatur von bis zu 75° C. Dann nachspülen mit Wasser und bürsten. Zweites Nachspülen mit verdünnter Salpetersäure (Aluminium ist gegen Alkalien sehr empfindlich, dieses Nachspülen neutralisiert), wieder mit Wasser gut nachspülen und in warmen Sägespänen trocknen. Gerade bei Aluminium macht es sich bemerklich, daß man Natron- oder Kalilaugen ohne Anwendung neutralisierender, verdünnter Säure mit Wasser allein fast nicht herunterbringen kann, das ist ja bei Glasgefäßen schon schwierig. Bei Sodalösung geht das besser, besonders, wenn etwas Kochsalz zugesetzt ist.

55. Matte, weiße Oberfläche erzielt man mit 10%iger Sodalösung bei Gegenwart von bis 3% Kochsalz, Temperatur bis 80° C, Behandlungsdauer bis 15 Minuten. Gut abspülen, warm trocknen.

56. Besondere physikalische Eigenschaften werden erzielt mit wässerigen Lösungen von Ätznatron und Natriumfluorid, je 4—5%. Hier gibt es eine ganze

Reihe von abgestimmten Spezialrezepten, die nur Chemiker und Physiker bestimmen und nachprüfen können. Nachspülen mit verdünnter Säure erforderlich, dann einwandfreies Wasserspülen und Trocknen.

57. Schärfere Eingriffe zum Zwecke des Hervorbringens von reinen weißen Oberflächen und Mattierungen mit Säuren. 40%ige Flußsäure bei Gegenwart von Salpetersäure, Zimmertemperatur, bis 5 Minuten Beizdauer, große Vorsicht bei Vorgang; oder 3—5%ige Schwefelsäure, Temperatur bis 80° C, Einwirkungsdauer bis 10 Minuten, für Reinaluminium 3%ige Salpetersäure bei derselben Temperatur und Einwirkungszeit, stets sehr gut spülen und trocknen.

58. Ätzen wird man Aluminium dann, wenn man stärkere Aufrauhung braucht für Anstriche der Oberfläche, ein Sondergebiet sind Ätzungen für Vervielfältigungen: Fotos, Bilder, Beschriftungen und anderes mehr. Auch hier sind verschiedene Ansätze möglich, man benutzt Säuren mit oder ohne Zusätze. Ein Ätzmittel für Reinaluminium besteht aus 66% Wasser, 30% konz. Salzsäure, 4 Teilen konz. Flußsäure, Einwirkungszeit bis 15 Minuten bei bis zu 30° C, bei Legierungen geht man mit dem Säuregehalt noch herauf und kann auf einen Ansatz kommen, der fast nur aus konzentrierter Salzsäure, konzentrierter Salpetersäure und konzentrierter Flußsäure zu gleichen Teilen besteht, bei Gegenwart von sehr wenig Wasser, dann aber Achtung auf Temperatur und Einwirkungszeit, Oberflächen rauht man auf mit 10—20%iger Salzsäure bei Gegenwart von etwa 5% Eisenchlorid. Ein Bad für das Ätzen von Vervielfältigungen ist beispielsweise zu machen aus 300 g Eisenchlorid, 100 g konz. Salzsäure, 1 l Wasser, Temperatur auch wieder gut 20° C, die Einwirkungszeit hängt von der gewünschten Ätztiefe ab. Stets gut nachspülen, bei Anwendung starker Säuren Nachspülen mit verdünnter Säure einschalten, gut trocknen.

59. Zum Beizen noch einige *Sonderbemerkungen.* Wesentlich wegen der Legierungen aus Nickel, bekannt unter dem Namen Neusilber, Alpakka usw. Die Bemerkungen bekommen Interesse, soweit die Legierungen Kupfer enthalten, Reinnickel muß in den seltensten Fällen einer Beizoperation unterzogen werden. Reinnickel war der bevorzugte Stoff, bevor man die VA-Stähle usw. wirtschaftlich herzustellen lernte. Beizen für Nickellegierungen bestehen aus einer wässerigen Lösung von etwa 20% Schwefelsäure bei Gegenwart von 2% Natrium- oder Kaliumbichromat. Temperatur etwa 80° C, Beizdauer je nach ersichtlicher Wirkung. Der Zusatz von Bichromat zeigt an, daß es sich bei Nickel um ein verhältnismäßig widerstandsfähiges Material handelt. Eine alte Faustregel besagt, daß man mit Schwefelsäure und Bichromat alles klein kriegt.

60. Bleiben noch einige Bemerkungen wegen *Zink.* Bei Zink ist Natronlauge nicht recht angebracht, Säuren sind besser. Zink hat Gefügeeigentümlichkeiten, es ist kristallin und nimmt darum eine Sonderstellung ein, die berücksichtigt werden muß. Außerdem ist es fast nie rein, also nicht identifiziert wie Eisen oder Stahl — und eine Legierung ist es auch nicht: es ist verunreinigt mit Blei, Eisen und Kupfer. Nur Handwerksgebrauch lehrt diese Dinge erkennen. Anlaufschichten werden von Säure und auch Laugen abgenommen. Nur muß man bei Säuren aufpassen, daß man nicht so stark oder so lange beizt, bis das kristalline Gefüge zum Vorschein kommt. Hier bedient man sich mit Vorteil der Sparbeizen. Es gibt besondere „Blankbeizen“ für Zink, die einen der weiteren Mühe entheben, bis auf das sorgfältige Nachspülen.

61. Zum Abschluß dieser Ausführungen ein paar Worte über die stärkste der beizenden Künste, das sind die *Mischungen aus Bichromat* und *Schwefelsäure.* Es genügt schon für eine starke Beizwirkung eine wässerige Lösung aus 20% Bichromat und 6% konz. Schwefelsäure, aber man kann sehr viel mehr Schwefelsäure nehmen. Einer solchen Mischung hält praktisch nichts stand. Da muß man eben wissen, was man will und wie weit man gehen will. Dergleichen Mischungen sind mehr etwas für Chemiker, die manchmal nicht wissen, wie sie Rückstände aus ihren Kolben und Gläsern herausholen sollen, damit die Glasrechnung nicht so hoch wird. Bichromat/Schwefelsäure hilft immer.

D. Anlassen, Färben.

62. Wir haben schon oben gesagt, daß eine wirkliche *Metallveredlung* erst dadurch entsteht, daß man einem gewissermaßen ordinären Metall einen, wenn auch noch so dünnen *Überzug* aus einem Edelmetall oder edlen Nichteisenmetall gibt. Wir müssen aus diesem Vorgang also, nachdem wir nun wissen, wie man eine Metalloberfläche „rein" macht, wie man sie nach dem Ausdruck des Verfassers „metallisiert", die Praxis des *Metallfärbens*, die man nur auf metallisierten Oberflächen ausüben kann, herausnehmen. Das Metallfärben ist ein *chemischer* Vorgang, kein Anstrich.

63. Das Metallfärben betrifft im wesentlichen kunstgewerbliche Schmiede- und Schlosserarbeiten, das Schönen von Gegenständen, mit denen man sich nicht weiter abgeben will, weil jede weitere Behandlung zu teuer werden würde, und manchmal Zwischenstadien: man färbt die Oberfläche von Gegenständen, die man vorläufig einmal abstellen will, weil man erst später weiteres mit ihnen vor hat, chemisch etwas an, man ruft selbst eine Anlaufschicht hervor, damit die Atmosphäre es nicht tut, genauer gesagt, um nicht gestört zu werden vom Klima im Arbeitsraum.

64. Die Unterschiede nach den Metallen, ob Eisen, Kupfer, Aluminium usw., lassen wir jetzt weg. Wir gehen später darauf ein und unterscheiden zunächst chemisch: *Anlaß*farben, *Anlauf*farben, Farben, die durch *Abbrennen* entstehen, Farben, die durch *Inoxydieren* entstehen, Farben, die nur nach dünnster *Fremdmetallauflage* erzeugt werden können, Farben durch Einwirken von *Gerbstoffen.* Für typische Beispiele suchen wir uns jeweils ein geeignetes Metall.

65. Anlaßfarben. Wer Stahl „anläßt", beurteilt nach den erzeugten Farben sogar die Arbeitstemperatur. Jedoch gibt es dabei ein sogenanntes ct-Produkt, ein Produkt aus Einwirkungszeit und Temperatur. Hohe Temperatur und geringe Einwirkungszeit entspricht annähernd langer Einwirkungszeit bei geringerer Temperatur. Folgendes Schema möge der Übersicht dienen:

Anlaßfarbe	Temperatur	Anlaßfarbe	Temperatur	Anlaßfarbe	Temperatur
mattes Hellgelb	220°	gelbbraun	255°	starkes Purpur	285°
hellgelb	225°	beginnendes		dunkelblau	295°
strohgelb	235°	Rotbraun	265°	hellblau	310°
dunkelgelb	245°	purpurrot	275°	grau	325°

Anlaßfarben entstehen durch Bilden ganz dünner *Oxydschichten,* deren Dicke den Farbton bedingt. Die Sache geht nur bei vorangegangener, einwandfreier Metallisierung, gleichmäßigem Zutritt der Luft und absolut gleichmäßiger Hitzeeinwirkung. Die Wärmequellen können einfach oder anspruchsvoll sein, für kleine Gegenstände genügt eine Gas- oder Spiritusflamme, man kann die Gegenstände auch auf eine erhitzte Eisenplatte legen oder eine Blechtrommel verwenden, die über einer geeigneten Wärmequelle gedreht wird. Für Massenanfertigung braucht man sowieso mechanisch angetriebene Trommeln. Ein wirklich gleichmäßiges Erhitzen kann nur in einem Medium erfolgen, innerhalb einer auf gleichbleibender Temperatur gehaltenen Umhüllung, sei diese nun ein Luftbad oder ein Sandbad.

Besondere Abwandlungen sind möglich: leichter Fettüberzug an bestimmten Stellen, dann bleibt die Anlaßfarbe hinter den fettfreien Stellen zurück oder örtliches Überhitzen mit einer Stichflamme. Man kann das Anlaßverfahren mit verschiedenen Ätzverfahren vereinen. Das ist eine besondere Technik, die nicht in ein Rezeptbuch gehört. Ist die gewünschte Anlaßfarbe erschienen, kühlt man schnell ab in Wasser oder Öl. Anlaßfarben sind nur begrenzt beständig, will man sie erhalten, müssen sie nach den Regeln der Anstrichtechnik lasiert werden.

Von den Anlaßfarben mittels höherer Temperaturen unterscheiden wir die *Anlauffarben*, die durch besondere Bäder — man sollte da nicht von Beizen sprechen — erzeugt werden, also vorzugsweise wässerige Lösungen von Chemikalien, die bei bestimmter Arbeitszeit und Arbeitstemperatur einwirken. Das ist ja im Grunde die ganze Chemie: der wirksame Stoff in bestimmter Lösung, die Einwirkungszeit, die Temperatur.

66. Dies Erzeugen ist ein Feld für sogenannte Geheimmittel geworden, es ist unübersehbar. Wir geben *zuverlässige Beispiele,* wie *Anlauffarben* erzeugt werden, raten aber dazu, für solche Arbeiten einen erfahrenen Techniker oder besser noch Chemiker hinzuzuziehen. Es kann nicht einer alles können und meistens ist ein Rezept im Gehirn besser untergebracht als im Bottich. Dort kann man es wenigstens finden. Der *Schüler* sagte dermaleinst, daß man getrost nach Hause tragen kann, was man schwarz auf weiß besitzt. Der *Meister* hütete sich wohl, diese Worte auszusprechen. Das nebenbei. Aber hier sieht man, wie's gemacht wird.

67. Braunfärben von Eisen und Stahl. Man wählt besser den Ausdruck „Brünieren", denn der Prozeß läßt sich meistens gar nicht anders leiten, als daß man durch Oxydation auf der — hier wie überall vorher stets peinlich metallisierten Metalloberfläche — verschiedene Oxydationsstufen und damit Mischfarben erzeugt, Tönungen, auf die man sich einarbeiten muß. Der Ausdruck „Beizen" hier im Sinn von Holzbeizen.

68. Chloridbeize für Eisen und Stahl. 1—2%ige Lösung von Eisenchlorid in Wasser oder denaturiertem Spiritus. Denaturierter Spiritus darum, weil er durch Steuerbegünstigung überhaupt erst erschwinglich zu kaufen ist und zum anderen, weil er besser benetzt und nicht gleich wieder Flugrost ansetzt, sonst fängt das Rostabbürsten an, kaum daß es aufgehört hat. Dünn auftragen, trocknen und mehrere Stunden einwirken lassen, Verfahren wiederholen, bis Brünierung haltbar, spülen, trocknen und nach den Regeln der modernen Anstrichtechnik lasieren. Einölen oder wachsen geht auch, ist aber primitiv, nur in Ausnahmefällen firnissen, denn das wird meistens nichts, weil man den „Verlauf" einer Firnisschicht, das punkt- und staubfreie Eintrocknen, bei den Bedingungen in der Werkstatt doch nicht so richtig zustande bringt.

69. Eine andere, *komplexe Brünierbeize:* eine wässerige Lösung mit etwa 1,5% Eisenchlorid, 3% Eisenvitriol, 1—1,5% Kupfernitrat bei Gegenwart von etwas Spiritus, aus den oben erwähnten Gründen.

70. Eine etwas *andere Methode:* Antimonchlorür, auch Spießglanzbutter oder „englisches Brüniersalz" genannt, in Mischung von 1 Teil Antimonchlorür auf 3 Teile Olivenöl unter Erwärmen und Umrühren. Es geht auch die salzsaure Lösung des Antimonchlorürs — sie stand früher im Arzneibuch — mit Olivenöl im Verhältnis 10:1. Sie geht aber nicht so gut, denn man muß wieder Flugrost abbürsten.

71. Sehr gut geht eine *Paste aus Zinkchlorid und Olivenöl* im Verhältnis 3:2. Sie ist einfach anzumachen, billig und ziemlich wasserfrei.

72. Gewehrläufe zu brünieren setzt besonders sorgfältige Arbeit voraus, wie man sich denken kann. Sie werden ganz besonders sorgfältig entfettet, noch einmal poliert und an einem warmen Ort mit einem Brei aus reinem Antimonchlorür, reinem kristallisiertem Eisenchlorid, das nicht verwittert sein darf, Gallussäure und Wasser eingerieben. Das Mischungsverhältnis ist 2:2:1:4. Trocknen in starker Wärme, abreiben und mit wollenem Tuch polieren. Verfahren am besten 2mal anwenden. Zum Schluß mit Olivenöl oder Wachs überreiben, es kann sonst Schwierigkeiten bei der Abnahme der Lieferungen geben, die Abnahmebehörden sind sehr genau.

73. **Brünieren von Eisen als Schwarzfärben,** beispielsweise Schwarzfärben von Gesenkschmiedestücken und Eisenteilen im Großbetrieb bedeutet ein etwas gröberes Arbeiten. Man begnügt sich nicht mit dem Aufbringen des bräunlich-schwarzen Eisenoxyduloxydes durch Salzlösungen, sondern vertieft das Schwarz durch Einlagern von Kohlenstoff oder Kupferoxyd, die ja beide tiefschwarz sind und keine Schattierung zulassen.

74. **Einfachster Vorgang:** gleichmäßiges Überziehen der Gegenstände mit Leinöl — verkohlt am besten — oder auch Mineralöl (dabei Verluste) und Verdampfen und Erhitzen über offenem Feuer ohne Ventilation, so daß die Ölschicht zunächst verkohlt und dann verbrennt. Vorgang findet statt an der Grenze Verkohlen/Verbrennen, simples Abbrennen der Ölschicht wirkt kaum. Verfahren muß mehrmals wiederholt werden, Gegenstände vor neuem Bestreichen mit Öl jedesmal mit trockenem Lappen abreiben. Den letzten Ölüberzug nur noch abdampfen und den endgültig geschwärzten Gegenstand lasieren, für grobe Werkstücke genügt dafür Leinölfirnis, weil es auf den Verlauf der Lasur nicht so sehr ankommt. Auch hier wird die Sache nur schön bei metallisierten Oberflächen, über die wir oben ausführlich gesprochen haben, grob gesprochen: Schmutz gegen Schmutz geht nicht in der Chemie. Für Massenanfertigung gibt es Trommelverfahren mit anschließendem Ölbad. Wer die Ölschicht nicht aufstreichen will — das ist das Sorgfältigere — kann die erhitzten Gegenstände mit leinölfeuchten Stahldrahtbürsten so lange abbürsten, bis der Erfolg erreicht ist.

75. **Gesenkschmiedestücke** werden dann gleichmäßig schwarz, wenn man die metallisierte — entzunderte — Oberfläche in dunkelrotem Zustand unter Befeuchten mit Wasser oder noch besser mit Öl noch einmal schlägt.

76. **Sehr fest haftende schwarze Färbung** bekommt man mit Ozokerit. Sie ist sogar gegen Luft/Wasser und teilweise gegen Säuren/Alkalien beständig. Ozokerit ist ein natürlich vorkommendes Gemisch von Paraffinen, als Begleiter der meisten Erdöle, eine gelbe bis dunkelbraune wachsartige Masse. Raffiniertes Ozokerit heißt Ceresin. Man färbt mit Ozokerit in einem Kessel bei 100° C, läßt gut abtropfen und entflammt dann den Ozokeritüberzug über offenem Feuer. Der Überzug brennt ab. Was bleibt, ist der fest haftende schwarze Überzug.

77. Ein besonderes Kapitel ist das *Schwarzfärben von Uhrengehäusen.* Dabei wendet man einen Kunstgriff an. Man erzeugt auf den sehr sorgfältig metallisierten Gehäusen einen ganz gleichmäßigen Rostüberzug. Nun ist Rost eine Mischung von verschiedenen Oxydationsstufen des Eisens, man bekommt aber durch geeignete chemische Bäder eine ausreichend gleichmäßige Zusammensetzung des Rostes und darauf kommt es hier an.

Die folgende Tabelle (s. S. 18) gibt die Anhaltspunkte für Bäderzusammensetzungen.

Die ganz einwandfrei metallisierten Gegenstände werden nun mit Schwamm, Lappen oder Wattebausch mit einem der oben genannten Bäder ganz dünn und gleichmäßig eingestrichen und in einem Trockenschrank bei gut 100° C getrocknet, und zwar wenigstens eine halbe Stunde, besser länger bis zu mehreren Stunden.

Die Chemikalien müssen eben genügend wirken, das ist Erfahrungssache. Die Wirkung zeigt sich daran, daß eine völlig gleichmäßige, rotbraune Rostschicht ohne irgendwelche Höcker oder Krusten oder Flecke entsteht, in der Anstrichtechnik würden wir sagen, eine Rostschicht von völlig gleichmäßigem Verlauf, den man durch Bürsten mit einer nassen, weichen Stahldrahtbürste nachprüfen muß

Bäder für Schwarzfärbungen des Eisens (Zahlen sind Gewichtsteile).

Nr. des Rezeptes	Wasser	Alkohol	Salpeteräther	Salzsäure	Salpetersäure	Eisenchlorid	Kupferchlorid	Quecksilberchlorid	Wismutchlorid	Antimonchlorid	Chlorammonium	Eisenvitriol	Kupfervitriol
I	1000	100	—	120	—	—	20	40	20	—	—	—	—
II	1000	100	—	100	—	—	20	50	25	—	—	—	—
III	1000	—	—	—	—	—	—	50	—	—	50	—	—
IV	1000	—	10	—	15	—	—	4	—	30	—	50	20
V	1000	90	—	—	5	35	—	—	—	—	—	—	—
VI	1000	30	—	—	20 (v. 35%)	75 Lösung (v. 35%)	—	—	—	—	—	—	5
VII	1000	50	—	—	—	15	—	—	—	—	—	30	12
VIII	1000	50	—	—	75	150	—	—	—	—	—	—	30

(Draht von 0,06 mm ∅, 1000/min). Diese Probe muß die Rostschicht bestehen, andernfalls muß man die Behandlung mit den Chemikalien wiederholen, bis die Rostschicht entsprechend ausgebildet ist. Sodann wird der Rost etwa 30 min der Einwirkung von Wasserdampf ausgesetzt, worauf die Gegenstände 20 min lang in Wasser unmittelbar gekocht werden. Dadurch wird der Rost einheitlich in schwarzes Eisenoxyduloxyd übergeführt. Das Verfahren ist zwei- bis dreimal zu wiederholen. Sodann im Trockenschrank trocknen und trocken kratzen. Ist richtig gearbeitet worden, wird der erzeugte Überzug gleichmäßig tiefschwarz. Zum Schluß mit Waffenöl einfetten, nicht mit Leinöl, weil dieses oxydable Fettsäuren enthält. Waffenöl bleibt neutral.

78. Schwarzfärben von Gußeisen. Gegenstände aus Gußeisen sind oft recht ungefüge — Kandelaber, Ornamentstücke, große Behälter —, außerdem ist Gußeisen weder legiert noch sonst ein verfeinerter Werkstoff. Man kann mit den Temperaturen hoch gehen und das schwarzfärbende Eisenoxyduloxyd durch Einwirken von Heizgasen billig und ohne viel Chemie erzeugen. Erforderlich ist die oxydierende und die reduzierende Flamme von Generatorgas, welches staubfrei sein muß, da man sonst mißfarbene Überzüge erhält. Der Gasdruck im Ofen muß niedrig sein und ist messend zu verfolgen. Ferner ist freier Sauerstoff schädlich, jedenfalls muß er möglichst weit heruntergedrückt werden, sonst klappt die Reaktion nicht. Wenn Stichflammen auftreten beim Übergang von der Reduktions- zur Oxydationsperiode, machen sie die Reaktion, die man auch wohl ein Inoxydieren nennen kann, zwecklos, weil die mühsam erzielte Inoxydschicht später abspringt, was nicht der Zweck der Übung ist. Man fährt auf eisernem Schlitten im Flammofen und zwar oxydierend 15—20 min und reduzierend 20—30 min. Nach Beendigung der Arbeit den Arbeitsschlitten langsam herausziehen. Farbton und Glanz der Inoxydschicht werden am besten bei rd. 900° C, daher Meßinstrument benutzen. Fehler im Verfahren bedingen Blasenbildung und Abblättern. Das Inoxydverfahren fällt heute häufig fort, weil für Geräte, die man früher aus Gußeisen machen mußte — Kandelaber — heute ganz andere Baustoffe, vorzugsweise Betonmischungen, benutzt werden.

79. Ausgesprochene Beizen — Verfasser erinnert immer wieder daran, daß er unter Beizen chemische Bäder oder Pasten versteht, im Gegensatz zum metallisierenden Abbeizen — sind dann noch Anreibepasten, Schmelzflüsse und Gerbstofflösungen, die wir hier besprechen wollen, soweit sie Eisen färben, d. h. praktisch Eisen schwarz färben. Eisenfärben mit vorhergehender Verkupferung ist lediglich ein Sonderfall, der hier darum mit abgehandelt werden kann, weil man Kupferüberzüge vortrefflich in Schwärze umwandeln kann und damit manchmal sehr hübsche Erfolge erzielt. Kupfer *muß* aber nicht immer schwarz gefärbt werden.

80. Pasten stellt man her aus vorzugsweise wässerigen Lösungen mit Kreide und Talkum als Verdickungsmitteln. Man kann damit mancherlei Farbtöne hervorbringen, nicht nur bei Eisen, aber im Prinzip taugt das alles nicht viel, die Färbungen halten nicht. Es kann an dieser Stelle einmal gesagt werden: eine Werkstatt ist keine Küche, Speisen kann man abschmecken, aber so kann der Handwerker nicht arbeiten. Ein Kochbuch für die Werkstatt, mit welchem jeder kochen kann, was er gern möchte, gibt es nicht.

81. Eine Gerbstoffbeize — bei Eisen im Grunde nichts anderes als Herstellen einer einfachen Tinte, denn diese wird im Prinzip mit einer Eisenlösung aus eisengrünenden oder eisenschwärzenden Gerbstofflösungen gemacht — besteht aus einer 2%igen Tanninlösung nebst 2% Weinsäure in Wasser. Sie muß wiederholt aufgetragen werden und nach dem Auftragen muß man sie jedesmal trocknen lassen.

82. Man kann *Eisen* auch färben nach vorhergehender *Metallauflage*, also zunächst auf dem Eisen beispielsweise eine sehr dünne Kupferschicht erzeugen. Der Gedanke ist bestechend, denn Kupfer ist färbend chemisch sehr leicht zu behandeln und man kann, wenn man dann den Kupferüberzug chemisch einfärbt, Abstufungen von Schwarztönen erzeugen, die auf reinen Eisenoberflächen nicht zu erhalten sind. Man hat dabei aber eine Arbeit mehr, das muß man bedenken und wenn diese Vorarbeit nicht sorgfältig ausgeführt wird, nützt die ganze Sache nichts. Verfasser möchte diesem Verfahren nicht das Wort reden, der Überzug, dessen Kupfergrundlage man nur billig und schlecht erzeugen kann, weil ein wirklich haltbarer Überzug nur nach den strengen Grundsätzen der nach Konzentration, Spannung und Stromdichte geleiteten Elektrolyse entstehen kann — das kostet Einrichtung und Geld — wäre mit Kupfervitriol-Lösung, Kaliumsulfid und Ammoniumchlorid zu bewerkstelligen, wird aber Pfuscharbeit sein, denn er würde nachträglich mit einem Schutzanstrich behütet werden müssen, der wiederum nichts Gescheites ergibt. Es hat keinen Sinn, mehrere Schichten, teils chemisch, teils durch Anstrich übereinander zu legen, damit das Auge zunächst befriedigt ist. Nur solide Werkstattarbeit nach bewährten Grundsätzen hat Sinn.

83. Einige chemische Färbungen von Nichteisenmetallen bleiben jetzt noch, wenigstens beispielsweise, und wir beziehen uns dabei auf Kupfer, auf Zink, Aluminium und Magnesium und deren Legierungen.

84. Kupfer und seine Legierungen. Unter den technischen Metallen ist Kupfer dadurch ausgezeichnet, daß seine Verbindungen die verschiedensten Farbtöne aufweisen. Es bildet ein rotes Oxydul, ein schwarzes Oxyd, braun- bis blauschwarze Sulfide und hellblaue bis patinafarbige Verbindungen verschiedener Zusammensetzung. Auch hier kann die Nüanzierung dadurch erhöht werden, daß in die Oberfläche gleichzeitig noch andere färbende Bestandteile eingelagert werden. So entstehen bei Anwendung von übermangansaurem Kalium durch seine Zersetzung tiefbraune Flocken von Braunstein; enthält die Farbbeize gleichzeitig Höllenstein (Silbernitrat), so scheidet sich in der Farbschicht auch schwarzbraunes Silber und

Silberoxyd ab; ähnlich können auch dunkle Nickelverbindungen an der Färbung teilhaben, wenn Nickelsulfat in der benutzten Lösung enthalten war.

Am gleichmäßigsten, schönsten und sichersten entstehen die Färbungen auf einer elektrolytisch erzeugten Kupferschicht. Erheblich abweichend können sich Kupferlegierungen verhalten. Aber dadurch, daß man die zu veredelnden Waren durch Elektrolyse, Tauchen oder Streichen zunächst verkupfert, hat man die Möglichkeit, alle Vorteile der Kupferfärbung auch auf die übrigen Metalle zu übertragen.

85. Chloratbeize zum Brünieren von Kupfer. 100 g Natriumchlorat, 100 g Ammoniumnitrat und 10 g Kupfernitrat in 1 l Wasser gelöst. Die Gegenstände werden entweder 1—10 min in der heißen Lösung hin und her bewegt oder stundenlang in der kalten Beize belassen. Auf Kupfer entstehen leuchtende gelb- bis rotbraune Farbtöne.

86. Permanganatbeize zum Brünieren von Kupfer und Kupferlegierungen. H. Krause empfiehlt eine Lösung von 5 g Kaliumpermanganat und 50 g Kupfersulfat in 1 l Wasser, die in Gefäßen aus Glas, Porzellan, Steinzeug bei Temperaturen von 90—100° C unter Vermeidung von anhaltendem Sieden angewandt wird. Die Gegenstände werden zweckmäßig an einem Kupferdraht befestigt und in der Beize hin und her bewegt. Durch wiederholtes Tauchen und Kratzen mit einer Faser- oder weichen Drahtbürste werden gleichmäßigere und schönere Färbungen als bei einmaligem Tauchen erhalten. Ersetzt man etwa 10% des Kupfersulfats durch Kupfernitrat, so werden im allgemeinen dunklere Brauntöne und besonders bei Messing reinere Braunfärbungen erhalten. Gibt man zu der ursprünglichen Lösung nach Beutel noch 15 g Kaliumchlorat, so fallen die Färbungen mehr gelblich- bis rötlichbraun und besonders bei zinkreichen Legierungen schöner braun aus.

Die Permanganatbeize ist auch zum Braunfärben von Zinn, Blei, Aluminium und zum Schwarzfärben von Zink geeignet.

87. Rotfärbung mit geschmolzenem Kalium- oder Natriumnitrit. Technisches Natriumnitrit wird in einer Eisenblechschale geschmolzen und auf einem starken Feuer bis zur beginnenden Rotglut erhitzt. Die zu färbenden Gegenstände werden an einem Draht befestigt, etwa $^1/_2$ min in den hocherhitzten Salzfluß eingetaucht. Sie können hierauf unmittelbar in kaltes Wasser geworfen werden, wodurch das anhaftende, sehr leicht lösliche Nitrit von der Oberfläche entfernt wird.

88. Schwarzbeizen. Am bekanntesten ist das Schwarzbeizen mit salpetersaurem Kupfer. Empfohlen wurde von der Physikal.-Techn. Reichsanstalt folgender Ansatz der Schwarzbeize: 600 g Kupfernitrat werden in 200 cm³ destilliertem Wasser gelöst, worauf die Lösung von 2,5 g Silbernitrat in 10 cm³ destilliertem Wasser zugesetzt wird. Die gut gereinigten Gegenstände werden mit der Schwarzbeize bepinselt und an einem mäßig warmen Ort getrocknet. Der nun gleichmäßig grün erscheinende Gegenstand wird dann mit einer Zange gefaßt und so lange über eine Flamme oder über glühende Kohlen gehalten, bis der grüne Überzug durch Zersetzung dunkel geworden ist. Durch reichliches Auftragen der Beize bzw. durch mehrfaches Wiederholen des Verfahrens erzielt man tiefschwarze Töne. Soweit das Kupferoxyd nicht fest haftet, wird es durch Reiben oder Bürsten entfernt. Zum Schluß kann geölt oder gewachst werden. Wegen der stärkeren Erhitzung eignet sich diese Schwarzbeize nicht für weichgelötete Ware.

89. Persulfatverfahren ist ein Schwarzfärbeverfahren, bei dem der Schmelzpunkt des Weichlots nicht überschritten wird.

Für die Herstellung und den Gebrauch der alkalischen Persulfatbeize gibt Groschuff folgende Vorschrift: Man erhitzt 5 proz. Natronlauge in einem geeigneten Gefäß aus Glas, Porzellan, Steinzeug oder emailliertem Eisen auf 100°, fügt 1% gepulvertes Kaliumpersulfat hinzu und taucht das an einem Draht befindliche Metallstück ein, wobei eine Sauerstoffentwicklung sichtbar wird. Es ist in dem heißen Bade so lange hin und her zu bewegen, bis die schwarze Farbe erreicht ist, was bei kleinen Stücken gewöhnlich innerhalb 5 min geschieht. Sollte die Sauerstoffentwicklung vorher aufhören, so ist von neuem 1% Kaliumpersulfat zuzusetzen.

Der zunächst sammetartig aussehende Gegenstand wird in kaltem Wasser gespült, darauf mit einem weichen Handtuch getrocknet und abgerieben; er erscheint dann tiefschwarz mit mattem Glanz. Bei Nichtgebrauch ist die Lauge gut verschlossen aufzubewahren, um sie nach Möglichkeit vor Anziehung von Kohlensäure aus der Luft zu schützen.

Bei Anwendung auf Kupferlegierungen ist meist eine etwas längere Beizdauer erforderlich als bei Kupfer; in der Regel genügen 5—10 min.

90. Schwarz- und Braunfärbungen durch Bildung von Schwefelkupfer. Am meisten verwendet werden Lösungen von Schwefelleber (Hepar sulfuris), z. B.

a) 10 g Schwefelleber in 1 l Wasser (Schwefellauge nach Beutel). Kleinere Gegenstände werden an Drähten in die auf ungefähr 80° erwärmte Lösung eingetaucht, größere mit der Lösung übergossen oder abgebürstet. Nach etwa 1—2 min erhält man eine braune, nach 4 min eine blauschwarze Färbung. Nach dem Spülen und Trocknen mit warmen Sägespänen kann man die Höhen mit feinem Bimssteinpulver abreiben; man erhält dann das sog. Altkupfer oder Cuivre fumé.

Auf Messing und Tombak erhält man grünlichbraune, gelbbraune und rotbraune Färbungen; besser färben sich aber Kupfer–Zink-Legierungen, wenn man sie abwechselnd in die Lauge und in stark verdünnte Säure (Vorbeize oder mit alter Gelbbeize angesäuertes Wasser), worin zweckmäßig etwas Kupfersulfat aufgelöst ist, taucht bzw. abwechselnd mit der Lauge und der Säure abbürstet. Die Säure entwickelt Schwefelwasserstoff und beschleunigt dadurch die Färbung.

b) Häufig nimmt man die Schwefellauge etwas konzentrierter, z. B. 20 g Schwefelkalium auf 1 l Wasser, oder man setzt Ammoniumsalze oder einige Tropfen Ammoniak zu. So wird z. B. empfohlen 6 g Schwefelleber und 20 g Chlorammonium (Salmiaksalz) auf 1 l Wasser oder 15—25 g Schwefelleber und 2,5—3 g Ammoniak (Salmiakgeist) auf 1 l Wasser, oder 2 g Schwefelleber, 2 g Chlornatrium (Kochsalz) auf 1 l Wasser; auch kohlensaures Ammonium wird von manchen statt Chlorammonium oder Ammoniak der Schwefellauge zugesetzt.

c) Tiefer schwarz werden die Schwefelfärbungen, wenn man die Gegenstände vorher schwach verquickt; dies geschieht durch Eintauchen in eine ganz schwache, mit einigen Tropfen Salpetersäure versetzte Lösung von Quecksilbernitrat (höchstens 1:10) oder eine mit etwas Zyankali versetzte Lösung von Zyanquecksilberkalium.

91. Schwarzfärben von Messing. Während die vorstehenden Beizen meist für Kupfer und Kupferlegierungen dienen, wenn auch die erzielte Färbung meist nicht die gleiche ist, ist die nachstehende, viel angewendete Beize nur zum Schwarzfärben von Messing und stark vermessingten Metallen brauchbar.

Man löst in 1 l Ammoniak (Salmiakgeist) 200 g kohlensaures Kupfer. Die Lösung ist tiefblau gefärbt und muß kühl und gut verschlossen aufbewahrt werden. Schwächer gewordene Beize kann zwar durch Zugabe von starkem Ammoniak und kohlensaurem Kupfer aufgefrischt werden; doch ist zu empfehlen, die Beize immer nur in der erforderlichen Menge frisch zu bereiten.

Die Messinggegenstände werden in die kalte oder schwach angewärmte Beize unter ständiger Bewegung eingetaucht. Sie färben sich in der kalten Beize in 1—4 min, in der auf 30° erwärmten Beize schon in wenigen Sekunden tiefblauschwarz. Des starken Geruchs wegen unterläßt man das Anwärmen meist und arbeitet unter einem Abzug.

Sehr kupferreiches und sehr kupferarmes Messing färbt sich in der Beize nicht tiefschwarz.

Das verwendete Ammoniak soll möglichst stark sein (25%, sp. Gew. 0,9), das kohlensaure Kupfer möglichst frisch gefällt (aus Kupfervitriollösung durch Zugabe von Sodalösung) verwendet werden. Man kann zwar auch schwächeren Salmiakgeist (10%, sp. Gew. 0,96) und nur 100 g kohlensaures Kupfer, auch käuflich kohlensaures Kupfer (Bergblau) verwenden, doch ist dann die Wirkung weniger stark, und die Beize wird schneller erschöpft.

92. Lüstersud. Gewöhnlich verwendet man ein Bad aus 124 g Natriumthiosulfat + 38 g Bleiazetat in 1 l Wasser, um bei Temperaturen von 80—95° Messing in verschiedenen Lüstertönen, Kupfer dunkelblau bis chromfarben, Zink bronzeartig und Eisen stahlblau zu färben. Indessen hat das Arbeiten bei der hohen Temperatur den Nachteil, daß es kaum möglich ist, einen bestimmten Farbton festzuhalten; einigermaßen befriedigend werden außer den Endfarben nur die Blautönungen erreicht (daher auch *Blausud* genannt). Bei 80° und der oben angegebenen Badzusammensetzung wird auf Messing Ms 63 ein Dunkelblau in 50 s erhalten. Die Färbung wird durch eine dünne Schicht von Bleisulfid gebildet; wird jedoch die Thiosulfatmenge gegenüber dem Bleiazetat zu klein, so tritt keine Blaufärbung ein. Nach G. GROSS (DRP. 612728, 623043, erloschen; Metallkunde 1935, S. 238) kann durch geringfügige Änderung der Badzusammensetzung ein Arbeiten bei niedrigerer Temperatur ermöglicht werden; infolgedessen zersetzt sich das Bad nicht so schnell und liefert nicht nur reinere Farbtöne, sondern auch allerlei Übergangsfärbungen in kräftigen, leuchtenden Tönen. Ein Bad z. B. aus 240 g Natriumthiosulfat, 25 g Bleiazetat und 30 g Weinstein in 1 l Wasser liefert auf Ms 63 die Blaufärbung bei 20° in 12 min, bei 30° in 4 min, bei 40° in 1,3 min, bei 50° in 40 s. Doch lassen sich bei 30° auch schöne reine Farbtöne in Goldgelb, Kupferrot, Violett, Chromfarben, Nickelfarben und Rotgrau erhalten. Durch die Senkung der Temperatur sind die Sulfidteilchen feiner im Korn und verankern sich gut im Grundmetall, so daß gutes Haftvermögen und eine Schichtdicke von 2—3,5 μ erzielt wird ($1\,\mu = {}^1/_{1000}$ mm).

Ähnlich verhält sich nach GROSS ein Lüstersud mit Brechweinstein statt Bleiazetat. Zum Beispiel löse man etwa 300 g Natriumthiosulfat in 1 l Wasser von 40—50°, füge 15 g Brechweinstein hinzu und unter Umrühren etwa 10—12 cm³ 25proz. Ammoniak, bis die Lösung klar wird. Sie wird bei 35—75° angewendet und liefert namentlich goldgelbe und silbergraue Farbtöne.

93. Braunfärben von Zink. Das Zink selbst bildet nur schmutziggraue Anlaufschichten; gefärbt wird es namentlich in braunen und schwarzen Tönen, zu deren Hervorrufung eine dünne Verkupferung dient. Natürlich kann das Zink auch auf elektrolytischem Wege verkupfert bzw. vermessingt und dann den Färbeverfahren für diese Metalle unterworfen werden. Eine Lösung von 60 g Kupfervitriol, 60 g stärkstem Salmiakgeist und 27 g Salmiaksalz in 1 l Wasser wird, wenn nötig, mehrmals dünn aufgebürstet. Die entstehende braune Verkupferung dunkelt in kurzer Zeit erheblich nach.

94. Streichverkupferung für Zink. Die für Braunfärbung des Zinks angegebene Lösung ohne Zusatz des Salmiaksalzes wird mit einem Schwamm aufgetragen und angebürstet, wonach sofort gründlich gespült wird. Der entstehende dünne Kupferüberzug färbt sich an der Luft bald braun.

95. Schwarzfärben mit Chloratbeizen. a) Ein schönes, tiefes Schwarz erzielt man, wenn man die entfetteten Gegenstände mit feinem Sand und verdünnter Salzsäure scheuert, mit reinem Wasser spült, mit fettfreiem Lappen oder heißen Sägespänen trocknet und mit einer Lösung von 125 g Kupfervitriol, 60 g Kaliumchlorat in 1 l Wasser abbürstet. Ist die gewünschte Färbung erreicht, so spült und trocknet man gut und überbürstet schließlich mit einer über Wachs gestrichenen Bürste.

b) Es geht auch eine Lösung von 60 g Kaliumchlorat und 35—40 g Kupfernitrat in 1 l Wasser, die auch zum Schwarzfärben von Kadmium geeignet ist. Die gut entfetteten und gespülten Gegenstände werden naß in das kalte Bad getaucht, nach etwaigem Abbürsten mit weicher Bürste nochmals kurz eingetaucht, gut gespült und nach dem Trocknen gewachst oder zaponiert.

96. Schwarzfärben mit Molybdatbeizen. Lösungen von 20 g Ammoniummolybdat und 5—10 g Natriumacetat in 1 l Wasser geben tiefschwarze Färbungen auf Zink (auch auf Aluminium und anderen Metallen). Das Natriumazetat kann auch durch Natriumthiosulfat ersetzt werden.

97. Färben von Aluminium. Unter den technischen Metallen ist das Aluminium am schwierigsten zu färben. Dies liegt zum Teil daran, daß es an geeigneten farbigen Aluminiumverbindungen fehlt, zum Teil auch an der Schwierigkeit, festhaftende Metallüberzüge auf Aluminium zu erzeugen. Am besten gelingt die unmittelbare Vernicklung auf galvanischem Wege, und diese kann benutzt werden, um nachträglich Kupfer oder Messing darauf niederzuschlagen. Auf diesem Umwege gelingt es dann, alle Färbungen, deren diese Metalle fähig sind, auf das Aluminium zu übertragen. In neuerer Zeit ist man besonders bestrebt gewesen, widerstandsfähige Schichten auf dem Aluminium zu erzeugen, die zum Schutze des darunterliegenden Metalls dienen sollen; diese Schutzschichten haben ihre besonderen Farbtöne, können aber auch leicht als Untergrund zur Aufnahme anderer Färbungen dienen. Darüber hinaus ist es aber auch gelungen, gewisse Färbungen unmittelbar auf dem Metall hervorzurufen.

98. Eloxal-Verfahren (**El**ektrolytisch **ox**ydiertes **Al**uminium). Hierunter wird eine Reihe von Arbeitsweisen zusammengefaßt, in denen auf Aluminium durch anodische Oxydation in geeigneten elektrolytischen Bädern sehr fest haftende und widerstandsfähige Schutzschichten erzeugt werden. Als Elektrolyt dienen meist mehr oder weniger verdünnte Säuren, wie Chromsäure, Oxalsäure, Schwefelsäure, denen je nach dem beabsichtigten Zweck noch besondere Zusätze von Salpetersäure, Kaliumsulfat, Malonsäure oder Glyzerin gegeben werden; z. B. verwendet man eine 3—10proz. Oxalsäurelösung mit einem oxydierend wirkenden Zusatz von Chromsäure bis zu etwa 0,1% bei Temperaturen von 20—40°. Da die auf der Ware entstehende Oxydschicht schlecht leitet, geht die Badstromstärke nach einem kurzen Stromstoß bald zurück und macht eine Erhöhung der Spannung erforderlich. Wegen der isolierenden Wirkung der Oxydschicht wird der Stromdurchgang allmählich auf die weiter zurückliegenden Flächenteile geleitet, so daß auch auf profilierter Ware die Schutzschicht gleichmäßig ausgebildet wird. Fremdmetalle, wie Kupfer und Zink, stören, wenn sie als eingebaute Teile (Nieten od. dgl.) oder als Legierungsbestandteile in hohem Gehalt vorliegen. Darum sind auch Lötverbindungen störend, während sachgemäß ausgeführte Schweißnähte nicht hinderlich sind. Die Elektrolyse selbst kann sowohl mit dem meist üblichen Eintauchverfahren in ruhenden Bädern durchgeführt werden, sowie auch mit dem Spritzverfahren, wobei der Elektrolyt ständig aus einer

Düse gegen die zu eloxierende Fläche gespritzt wird, oder nach dem Durchlaufverfahren, das eine kontinuierliche Verarbeitung von Drähten, Bändern u. dgl. ermöglicht. Bei der Arbeit wächst in das Metall eine Schicht von Aluminiumoxyd hinein, die je nach den Arbeitsbedingungen von mehr oder weniger Aluminiumhydroxyd durchsetzt ist. Da das Aluminiumoxyd selbst die Härte des Korundes (9 der Härteskala nach MOHS) annehmen kann, hat man es in der Hand, weichere, elastische, saugfähige bis zu glasharten, sehr dichten und wenig saugfähigen Schichten zu erzeugen und damit ihre Art und Güte dem jeweiligen Zweck anzupassen.

Für das Verfahren sind außer Reinaluminium und den damit plattierten Metallen alle genormten Aluminiumlegierungen geeignet. Doch muß man sie in *zwei Gruppen* trennen: Gattung I (umfassend die Cu-freien, Si-armen Legierungen auf Magnesium- und Mangangrundlage, wie Aldrey, Anticorodal, Hydronalium, KS-Seewasser, Pantal usw.) vermag ebenso wie Reinaluminium Schutzschichten höchster Härte und Verschleißfestigkeit anzunehmen. Bei Gattung II (mit Kupfer und anderen Schwermetallen, auch hohem Si-Gehalt, wie Aludur, Duralumin, Y-Legierung, Lautal, Silumin usw.) sind die Schichten im allgemeinen weniger hart und verschleißfest, erhöhen aber auch hier die chemische Beständigkeit. Die meist anzuwendende und technisch brauchbare Schichtstärke liegt zwischen 0,02 und 0,04 mm, so daß in den meisten Fällen die Maßhaltigkeit nicht gefährdet wird.

Die wichtigsten *Vorzüge* der Eloxal-Veredlung sind: Unlösbar feste Verbindung mit dem Grundmetall, hohe Härte und Verschleißfestigkeit, chemische Beständigkeit gegenüber zahllosen Einwirkungen, hervorragende ästhetische Wirkung, zumal die Schicht in Matt und Hochglanz sowie in vielen Farbtönen erzeugt werden kann; hohe elektrische Isolierfähigkeit, gepaart mit Unverbrennlichkeit und höchster Hitzebeständigkeit; hohes Strahlungsvermögen, das besonders für Wärmetauschapparate wichtig ist.

99. Seo-Foto-Verfahren (Siemens-Elektro-Oxydation). Die nach diesem Verfahren auf Aluminium erhältliche Oxydschicht ist zur Aufnahme lichtempfindlicher Stoffe geeignet und kann den in der Photographie üblichen Vorgängen der Belichtung, Entwicklung, Fixierung, Tonung ohne weiteres oder mit geringen Abänderungen unterworfen werden. Das Seo-Foto ist, da es nur aus anorganischen Stoffen besteht, absolut lichtbeständig, wetter-, wasser- und feuerfest und geeignet zur Herstellung von Schildern aller Art, Zifferblättern, Skalen für Meßinstrumente, Karten und Plänen, Dokumenten, Bildern, Nachbildungen von Holz- und Steinmaserungen u. dgl.

100. Schutzüberzüge auf Aluminium nach dem MBV-Verfahren (Modifiziertes Bauer-Vogel-Verfahren, ausgebildet von dem Erftwerk in Grevenbroich-Niederrhein, wo auch das MBV-Salz erhältlich ist). Die Gegenstände können im allgemeinen ohne besondere Vorbereitung behandelt werden; nur aufgebrannte Ölfilme oder starke Oxydschichten müssen zuvor mechanisch oder chemisch entfernt werden. Die Bäder enthalten etwa 60 g MBV-Salz (oder 50—80 g kalzinierte Soda und 15 g Natriumchromat) je Liter und werden im Sieden oder nahe bei Siedetemperatur gehalten. Zur Aufnahme der Lösung dienen Behälter aus Schwarzblech, Emaille, Steinzeug oder Holz. Die zu schützenden Gegenstände werden für wenigstens 5 min in dem Bade belassen, bis sie mit einer grauen Farbe überzogen sind; dann folgt gründliches Spülen mit Wasser und Trocknen. Da der Vorgang mit Entwicklung von Wasserstoffgas verbunden ist, dürfen offene Flammen in der Nähe des Badspiegels nicht vorhanden sein. Soll die Innenfläche eines Aluminiumgerätes den MBV-Schutz erhalten, so bringt man zunächst klares Wasser darin zum Sieden und trägt erst dann das MBV-Salz ein, wodurch ein gleichmäßiges Aufziehen der Schutzschicht erreicht wird. Das Verfahren eignet sich für Reinaluminium und alle kupferfreien Aluminiumlegierungen; darum stören auch Lötstellen, während richtig ausgeführte Schweißnähte keine Schwierigkeiten bereiten. Bei großen Flächen kann statt der Lösung ein Brei aus 10 Teilen Natriumchromat, 4 Teilen kalzinierter Soda, 4 Teilen Ätzkali und 10—15 Teilen Wasser benutzt werden, der bei Zimmertemperatur mit Pinsel oder durch Spritzen aufgetragen, gegebenenfalls schwach angewärmt und nach 10—15 min mit Wasser abgespült wird. 10 l MBV-Lösung reichen zur Behandlung von etwa 30 m^2 Oberfläche aus, so daß der Schutz von 1 m^2 Oberfläche etwa 3 Pfg. an Stoffkosten erfordert.

Die Schutzschicht ist hell- bis dunkelgrau und je nach der Oberflächenbeschaffenheit der zu behandelnden Ware matt bis hochglänzend; sie verträgt stärkste Formänderung des Metalls durch Schlagen, Biegen oder Walzen, ist aber empfindlich gegen Reibung. Sie bildet einen guten Haftgrund für Einbrennlacke, kann aber auch durch Imprägnieren mit Wasserglas und nachfolgendes Glühen mit einer offenen Flamme dicht und hart gemacht werden.

Um auf magnesiumreichen Legierungen des Aluminiums (Hydronalium, Duranalium) die MBV-Schicht zu erzeugen, werden auf je 1 l des erstgenannten Bades 10 g Ätznatron zugesetzt und Temperaturen von etwa 60—70° C angewandt.

101. Färben von Aluminium und seinen Legierungen. Die nach dem Eloxal- (s. Nr. 98) oder MBV-Verfahren (s. Nr. 100) erhältlichen Schutzüberzüge weisen schon an sich besondere Farbtöne auf, können darüber hinaus aber zur Aufnahme von Farben und farbbildenden Stoffen dienen. Jedoch können auch ohne diese Zwischenschichten auf einfachem, unmittelbarem Wege Färbungen erzielt werden nach einem von Vollrath und Lahr angegebenen Verfahren. Als Färbebad dient eine bis zu 25 g Kaliumsulfid K_2S im Liter enthaltende Lösung, die mit geringen Mengen Morin, Alizarin oder Vanadinsulfat als färbenden Mitteln versetzt und bei 80—90° angewandt wird. Die Gegenstände bleiben $^1/_2$ h und länger darin. Auch Lösungen von Kaliumpermanganat mit oder ohne Zusatz von Kupfersulfat oder Mangansulfat liefern goldgelbe bis dunkelbraune Färbungen, die allerdings geringere Haftfestigkeit zeigen als die im K_2S-Bade erzielten. Nebenstehend einige Vorschriften.

Kaliumsulfid g je l	Vanadinsulfat g	Kaliumbichromat g	Alizarin g	Morin g	Kaliumpermanganat g	Kupfersulfat g	Mangansulfat g	Farbton
25	—	—	—	1	—	—	—	goldgelb
25	—	—	1	1	—	—	—	goldbraun
25	0,5	0,5	1	—	—	—	—	kaffeebraun
25	—	0,5	1	0,5	—	—	—	Zwischenfarbe von 2 und 3
25	—	0,3	1	—	—	—	—	rot
25	1	5	1	—	—	—	—	samtbraun
25	3	—	—	2	—	—	—	goldgelbbraun
25	1	—	—	—	—	—	—	braunschwarz
—	—	—	—	—	20	5	—	bronzeton
—	—	—	—	—	20	—	5	Messingfarbe dunkelbraun
—	—	—	—	—	20	—	—	goldgelb

102. Braun- bis Schwarzfärbung durch Permanganatbeize. H. Krause empfiehlt eine Lösung von 5—10 g Kaliumpermanganat, 2—4 cm^3 Salpetersäure vom sp. Gew. 1,35 und 20—25 g Kupfernitrat in 1 l Wasser für Schwarzfärbung; für

Braunfärbung nur 5 g Kupfernitrat. Nahe der Siedetemperatur wird eine satte Braunfärbung in 10—15 min, eine schwarze in etwa der doppelten Zeit erreicht.

103. Schwarzfärbung durch Molybdatbeize. In der Molybdatbeize von Nr. 96 wird für Aluminium das Natriumazetat ersetzt durch Ammoniumchlorid. Bei einem Zusatz von 5 g je 1 l liefert das siedende Bad ein tiefes Schwarz in etwa 10 min, bei 15 g schon in 1—2 min.

104. Färben von Magnesium. Magnesium ist noch unedler als das Aluminium. Es wird als Baustoff nur in Form von Legierungen verwendet, deren wichtigste die Elektronmetalle sind, die aber sehr wichtig geworden sind, so daß es viele Arten von solchen Legierungen gibt. Sie überziehen sich an feuchter Luft mit einer grauen, schützenden Oxydschicht, werden aber leicht durch Säuren (außer Flußsäure) angegriffen, sind auch empfindlich gegen Chloride, daher auch gegen Seewasser, widerstehen aber gut den Basen, wie Kalilauge, Natronlauge u. dgl.

Die beste Korrosionsbeständigkeit zeigen Legierungen mit 1—2,5% Mangan (Elektron AM 503), während die Anwesenheit edlerer Metalle (wie Kupfer, Blei, Kadmium) schädlich wirkt. Beim Schmelzen und Gießen ist zur Erhöhung der Korrosionsbeständigkeit ein kleiner Zusatz von Mangan (0,3—0,5%) empfehlenswert.

105. Bichromatbeize für Magnesiumlegierungen. Das gebräuchlichste Verfahren zur Verbesserung der Korrosionsbeständigkeit benutzt eine etwa 10—20proz. Salpetersäure mit einem Zusatz von etwa 15% Natrium- oder Kaliumbichromat; bei Blechen beträgt die Einwirkungsdauer wenige Sekunden und steigt bei Gußstücken je nach Größe auf etwa 1 min, wonach gut gespült und getrocknet wird. Es entsteht ein dichter Überzug von messinggelber Farbe, der fest haftet und einen guten Grund für Lackierung abgibt.

II. Rostschutz

(Übergang zur eigentlichen Oberflächenveredlung).

A. Rost umwandeln.

Wir haben bis jetzt vom eigentlichen Vorbereiten der Metalloberfläche gesprochen und das Entrosten, welches sowieso Vorbereiten jeder Metalloberfläche ist — wenn es sich um Eisen und Stahl handelt —, und das Desoxydieren, das wesentlich Vorbereiten der Oberfläche von Buntmetallen ist, in diesen Abschnitt mit hineingenommen. Entrosten ist aber *kein* Rostschutz, Desoxydieren der Oberfläche eines Buntmetalles ist *kein* Schutz gegen neuen Oxydbefall und eine Oberfläche färben ist ein Zwischenvorgang, der als veredelnde Metallauflage mit beidem nichts zu tun hat. Färben heißt Schönen und kann genügen. Dagegen ist der Rostschutz im weitesten Sinn der Übergang zur Metalloberflächenveredlung, daher muß er in einem besonderen Abschnitt besprochen werden. Er kann übrigens *dauerhaft* sein, wenn er mit Schutzanstrichen verbunden wird, die zugleich Zieranstriche sein können. Jeder *Anstrich* dieser Art ist in strengem Sinn lediglich eine Schutzmaßnahme, aber keine Veredlung. Den letzten Übergang zur eigentlichen Oberflächenveredlung bildet dann das Emaillieren. *Emaillieren* ist kein Veredeln, sondern das Aufbringen von werkstofffremder Schmelze. Als Rostschutz hat es in diesem Übergangsabschnitt seinen Platz.

106. Der Rost bringt neben dem Verschleiß der Volkswirtschaft große Verluste. Es ist notwendig, sich eingehend mit ihm zu befassen.

a) Was ist Rost? Unter Rost versteht man das rotbraune Ferrihydroxyd-$Fe(OH)_3$; doch können durch Abspaltung von Wasser H_2O aus dieser Verbindung

Veränderungen in der Zusammensetzung und Farbe des Rostes eintreten. In Wasser sind diese Verbindungen unlöslich. Das Eisen erfährt beim Rosten eine beträchtliche Vergrößerung des Gewichts und Volumens und übt deshalb eine große Sprengwirkung aus. Infolge seiner lockeren, pulverigen bis flockigen Form bleibt der Rost nicht dicht und fest auf dem Metall haften, sondern bröckelt ab und legt dadurch immer neue Eisenflächen zum Rosten frei, bis das Metall völlig zerstört ist. Durch das Verrosten wird also das Eisen von der Oberfläche her abgetragen; die Wirkung dieses Vorganges ist schließlich dieselbe, als ob das Metall durch Berührung mit irgendwelchen chemischen Lösungsmitteln aufgelöst worden wäre. Daher kommt es, daß man in der Technik unter Rosten im weiteren Sinne des Wortes überhaupt alle Vorgänge versteht, bei denen das Eisen durch chemische Einflüsse einen Gewichtsverlust erleidet.

b) Bedingungen für das Rosten. Das Rosten selbst kann durch die verschiedensten Umstände beeinflußt werden. Auf jeden Fall kann es sich nur dort abspielen, wo das Eisen mit flüssigem Wasser und mit freiem Sauerstoff (z. B. Luft) bzw. Sauerstoff leicht abgebenden Stoffen in Berührung steht. Besonders günstig sind die Verhältnisse für das Rosten dort, wo das Eisen im Wasser liegt, das seinerseits mit Luft in Berührung steht; bekanntlich ist Sauerstoff in Wasser löslich und findet auf diese Weise Zutritt zu dem Eisen. Dieselbe Wirkung tritt aber auch ein, wenn das Eisen nur in Berührung mit der Luft ist. Denn der in ihr enthaltene Wasserdampf schlägt sich in Form dünner Häutchen auf allen festen Stoffen nieder, und zwar um so leichter und reichlicher, je mehr die Luft mit Wasserdampf gesättigt ist. Entsprechend dem ständigen Wechsel der Temperatur und Witterung ist der relative Feuchtigkeitsgehalt der Luft in dauernder Änderung begriffen, so daß auch die Wasserhäutchen auf den Metallen einem dauernden Wachsen und Schwinden unterliegen. Es hat sich gezeigt, daß gerade das abwechselnde Verdunsten und Kondensieren von Wasser an der Oberfläche des Eisens bei gleichzeitiger Gegenwart von Luft das Rosten besonders erleichtert.

c) Die Erklärung für die Rostbildung wird nach dem gegenwärtigen Stande der Forschung hauptsächlich in elektrochemischen Vorgängen erblickt. Hiernach spielt sich der Rostvorgang in zwei Phasen ab; in der ersten sendet das Eisen gemäß seinem Lösungdruck Ferroionen in Lösung, in der zweiten werden diese durch Sauerstoff und Wasser in Ferrihydroxyd umgewandelt, das sich wegen seiner Unlöslichkeit in Wasser flockig abscheidet. Durch den zweiten Vorgang verarmt die Flüssigkeit an Ferroionen, so daß das Eisen hierdurch von neuem veranlaßt wird, Ferroionen zu bilden, usw. Man erkennt sofort die Notwendigkeit der Anwesenheit von flüssigem Wasser zur Bildung der Ferroionen und von Sauerstoff zu ihrer Umwandlung in Rost.

d) Beeinflussung der Rostbildung. Eine *Beschleunigung* erfährt das Rosten z. B. durch Anwesenheit von Säuren. Schon die schwache Kohlensäure, die in geringen Mengen stets in der Luft und meistens auch im Wasser enthalten ist, wirkt rostfördernd; sie ätzt nämlich das Eisen unter Bildung von löslichem Ferrokarbonat und Ferrobikarbonat an, und diese werden durch Wasser und Sauerstoff in Ferrihydroxyd und freie Kohlensäure zerlegt.

$$2FeCO_3 + 3\,H_2O + O = 2\,Fe(OH)_3 + 2\,CO_2,$$

so daß die einmal vorhandene Kohlensäure immer von neuem zur Wirkung kommt. Auch die meisten in Wasser löslichen Salze wirken förderlich auf die Rostbildung, wie dies ja namentlich vom Kochsalz bekannt ist.

Den rostfördernden Mitteln stehen aber auch *rostverzögernde* gegenüber. So z. B. rostet Eisen nicht, wenn es mit Lösungen von Chromsäure oder Chromaten in Berührung steht; das Eisen wird unter solchen Verhältnissen passiv. Indessen geht diese Passivität verloren, wenn in das Wasser rostfördernde Stoffe, wie Kochsalz oder andere Chloride, hineingelangen. Einen ähnlichen Schutz vor dem Rosten erlangt das Eisen, wenn es mit Laugen, wie Natron- oder Kalilauge, selbst in stark verdünntem Zustande, in Berührung ist. Auch hier arbeiten Chloride der Schutzwirkung entgegen, heben sie jedoch nicht völlig auf, sondern machen nur höhere Konzentration der Laugen zur Aufrechterhaltung der Schutzwirkung erforderlich. Ebenso wie die Laugen wirkt das Kalziumhydroxyd, d. h. gelöschter Kalk, und darauf beruht die bekannte Tatsache, daß das *in Zement* bzw. *Beton* eingebettete Eisen *nicht rostet.*

107. **Rostschutz** kann, so lange wir von wirklicher Oberflächenveredlung absehen, durch *Rostumwandler* und durch *Rostschutzanstriche* erfolgen. Von beiden gibt es unzählige Verfahren, Rezepte, Mittel und Geheimmittel und es muß hier eine ruhige Warnung zur Vorsicht ausgesprochen werden, wenn Verfahren und Vorschrift nicht von allerersten Firmen stammen. Verfasser betont ausdrücklich, daß er damit kein Fabrikat herabzusetzen wünscht. Aber die Mahnung zur Vorsicht nimmt er sich heraus, er hat zu viele Fälle erlebt, in denen die Sache nicht klappte und nachher niemand schuld war oder sein wollte.

108. Gesichert ist die *Rostumwandlung* — von Anstrichen, die gegen Rost schützen, sprechen wir später — mittels *Phosphorsäure.* Es sei aber gleich darauf aufmerksam gemacht, daß Rostumwandler neuen Rost erzeugen, wenn nicht sachkundig gearbeitet wird. Außerdem nützt das Rostumwandeln nichts, wenn diesem Vorgang nicht ein Grund- und ein Deckanstrich nach den Regeln der Anstrichtechnik folgt. Von manchen Firmen werden für die der Rostumwandlung folgende Deckung gegen neuen Rost besondere Anstriche empfohlen. Einzelheiten sind den Merkblättern dieser Firmen zu entnehmen.

109. **Alle Rostumwandler** beruhen entweder auf Phosphcrsäure, welche Rost an den Stellen, an denen er aufsitzt, in eine anhaftende Schicht von Eisenphosphat umwandeln kann, die dann einen gewissen Schutz gegen Korrosion bietet. Technisch sehr viel gründlicher wird diese Aufgabe gelöst durch die sogenannten *Phosphatierungsbäder*, die mit Zink- und Manganphosphat arbeiten. Für diese Bäder sind ganz bestimmte analytische Vorarbeiten geleistet worden, sie werden im Verlauf der praktischen Arbeit ständig gesteuert, teilweise in den Großbetrieben ganz automatisch angewendet. Es gibt wohl keine Fabrik für Karosserien, Motorräder, Kühlschränke usw., die diese Phosphatierungen nicht im Tauchbadverfahren oder im Druckspritzverfahren anwendet. Richtig ausgebildet ist das Verfahren dann, wenn auf der zunächst erzeugten Eisenphosphatschicht eine durch Verfahrenssteuerung möglichst fein kristallin ausgebildete Schicht von Zink- und/oder Manganphosphat sitzt. Trotzdem sind alle diese Schichten gegen Korrosion auf die Dauer *nicht beständig.* Das Volumen der Porenschläuche in dem jeweiligen Überzug ist nicht gleichbleibend, im Grund genommen ist nur Chrom oder besser noch Hartchrom korrosionsfest. Die Phosphatüberzüge werden darum verwendet, weil sie billig und einfach anzubringen sind und einen fast idealen, saugfähigen Untergrund für den anzuschließenden, aber auch unumgänglich *erforderlichen Farbanstrich* geben. Erst das ist der Rostschutz. Ohne den rostwiderstandsfähigen Farbanstrich ist das Rostentfernen und das Rostumwandeln zwecklos, so lange man die Metalloberfläche nicht eigens für diesen Zweck durch nicht korrodierende Überzüge veredelt.

110. **Rostumwandeln** kann man nur dann, wenn der Rost höchstens in Millimeterdicke aufsitzt und nickt flockt. Wirkt Phosphorsäure ein, dann bildet sich eine Lösung von primärem Eisenphosphat, die sich in dem benutzten Bad anreichert. Sodann entstehen sekundäre und tertiäre Eisenphosphate, die sich in

dünner Schicht auf der Oberfläche des behandelten Gegenstandes abscheiden. Man nennt diesen Vorgang auch die *Ankonzentrierung*, alles weitere hängt ab von der Konzentration des Bades, der Temperatur und einigen anderen Dingen. Wirklich zuverlässig ist das Verfahren nur dann, wenn eine Mangan- und/oder Zinkphosphatschicht ausgebildet wird. Präparate, die nur Phosphorsäure enthalten, genügen nicht, es müßte dann unmittelbar anschließend eine sehr sorgfältige Grundierung mit Rostschutzfarbe erfolgen. Auch eine Einschichtlackierung genügt nicht, weil sie bei atmosphärischen Grenzlagen von der Grenzschicht Luft/Luftfeuchtigkeit unterbrochen wird.

Betriebsanleitungen für Rostumwandlung gibt die Industrie. Es ist nicht Aufgabe des Verfassers, Namen zu nennen. Sehr neuzeitlich ist das Verfahren zum *Säubern von Stahlteilen durch autogenes Flammstrahlen*, weil es für Nutzeisen aller Größen verwendet werden kann. Nutzeisen soll hier der Oberbegriff sein für Kessel- und Behälterbau, Gittermaste, Schiffbau, Stahlkonstruktionen, Stahlfachwerkkonstruktionen und andere Anwendungsbeispiele. Dieses autogene Flammstrahlen säubert die Oberfläche des Gegenstandes von allen Verunreinigungen, macht sie völlig trocken und erzielt eine vorzügliche Vorbereitung für den nachfolgenden Schutzüberzug, der hier ebenso wie nach der Rostumwandlung erfolgen muß. Die Arbeitsweise beim autogenen Flammstrahlen ist mit einfachen und zweckmäßigen Geräten durchgebildet.

111. Wird Rost entfernt oder umgewandelt, dann muß — in Ermangelung einer wirklichen Oberflächenveredlung — ein Schutzanstrich folgen, der manchmal ein Zieranstrich sein kann.

B. Anstrich, Emaille, Glasur.

112. Von der Anstrichtechnik hört jeder und doch kennt sie niemand. Das ist auch nicht zu verlangen, wir sind mittels der Kunstharzindustrie weit abgerückt von einfachen Ölfarben und -Lacken und sind unter allen Umständen genötigt, dieses Thema der einschlägigen Industrie zu überlassen, die in dieser Beziehung mit Handbüchern von einigen hundert Seiten Umfang aufwarten kann. Es läßt sich nicht ändern: ein Metalltechniker ist heute kein Farbtechniker mehr — und wird es auch nicht werden. Unter diesen Umständen werden Rezepte für die Werkstatt illusorisch. Es ist besser, statt dessen eine Übersicht zu geben über die Dinge, um die es sich bei der Anstrichtechnik[1] handelt. Es sollte niemand heute noch Farben herstellen, der es nicht gelernt hat.

113. Wir wollen einteilen: Zunächst in die *Körperfarben*, das sind die wichtigsten *Farbkörper oder Substrate* aus Bariumsulfat, Leichtspat, Kalziumkarbonat und Kieselsäure, sämtlich in verschiedenen Erscheinungsformen; ferner die *weißen Deckfarben* auf der Grundlage von Bleiweiß, Sulfatbleiweiß, Lithopone, Titanweiß, Zinkoxyd, Antimonweiß und Aluminiummennige; ferner die *Buntfarben*, im Prinzip Verbindungen von Schwermetallen mit bestimmten Säuren, Eisenhydroxydfarben, Eisenoxydfarben, Kobalt-, Mangan-, Zink- und Kupferfarben bis zum Siliziumkarbid und Schiefergrau nebst den *schwarzen* Farben, für die als Beispiel Eisenoxydschwarz, Manganschwarz, Graphit, Schieferschwarz und Ruß dienen mögen. Daran schließen sich die *Metallbronzen*, die nebst den Teerfarbstoffen und Farblacken, die chemisch aus ihnen erzeugt werden, zu den Körperfarben gehören.

114. Aus diesen Substraten werden mit den Binde- und Verdünnungsmitteln der Lack- und Farbindustrie, also aus den verschiedenen Ölen, Natur- und Kunst-

[1] Vgl. Werkstattbücher Heft 103: R. Klose, Anstrichstoffe und Anstrichverfahren.

harzen und den Lösungsmitteln die Ölfarben, Lackfarben, Firnisse, Nitrozellulose, kurz die Anstrichmittel hergestellt, die zum Schutz der Oberfläche von Metallen dienen. Und nicht nur von Metallen, sondern von Gebrauchsgegenständen aus fast jedem Stoff.

115. Das Gebiet ist unübersehbar geworden. Daher lassen wir für den Zweck der vorliegenden Arbeit die Zieranstriche fort und geben lieber eine allgemeine Übersicht, an die einige typische Rezepte angeschlossen werden.

116. Ölfarben. Man versteht darunter innigste Mischungen aus pulverförmigen Farbkörpern und trocknenden Ölen; jene haben die Aufgabe, den Untergrund zu verdecken und den gewünschten Farbton zu liefern; diese sollen durch den Trockenprozeß sich in ein elastisches, trockenes Häutchen umwandeln, durch welches das Farbpulver auf der Unterlage befestigt wird.

Als trocknendes Öl kommt namentlich das *Leinöl* in Betracht. Sein Trockenprozeß beruht darin, daß es, in dünner Schicht der Luft dargeboten, allmählich Sauerstoff aus dieser aufnimmt und chemisch bindet unter Umwandlung in ein festes elastisches Häutchen. Dieser Trockenvorgang erfordert für das Leinöl bei gewöhnlicher Temperatur mehrere Tage und wird durch Wärme beschleunigt. Ein besonderes Verfahren zur Abkürzung der Trockendauer beruht darin, daß man in dem Leinöl unter Erhitzen sog. *Sikkative* auflöst, das sind gewisse Verbindungen des Bleies, Mangans oder Kobalts, durch deren Gegenwart der Trockenvorgang bei gewöhnlicher Temperatur auf etwa 12 h abgekürzt wird. Das mit solchen Zusätzen versehene Leinöl wird *Leinölfirnis* genannt.

Unter *Standöl* (Dicköl) versteht man ein unter Durchblasen von Luft erhitztes Leinöl; es wird durch das Blasen dickflüssiger und durch das Erhitzen von seinem natürlichen Gehalt an Wasser und Schleimstoffen befreit. Zum Zweck dieser Reinigung pflegt man auch die Firnisse heiß zu bereiten. Besonders geeignet zur Firnisbereitung ist auch das *Holzöl*, das in sehr wasserundurchlässiger und harter Schicht trocknet.

Herstellung der Ölfarbe. Das Farbpulver wird zunächst mit wenig Firnis oder Leinöl zu einem gleichmäßigen, dicken Brei verrieben, was am bequemsten mit der Farbenreibmaschine geschieht; dann verdünnt man mit Firnis bis zur Streichfähigkeit. Soll der Anstrich besonders dünn und mager ausfallen, so kann ein Teil des Firnis auch ersetzt werden durch Verdünnungsmittel, wie Terpentin, Benzin, Benzol, die Leinöl und Firnis auflösen können, aber an der Luft verdunsten.

Bei der *Anwendung der Ölfarbe* ist zu beachten, daß jeder Anstrich dünn aufgetragen wird und daß jeder folgende Anstrich erst ausgeführt werden darf, wenn der vorhergehende vollkommen trocken ist.

117. Lacke sind Lösungen von Harzen und ähnlich sich verhaltenden Stoffen (Asphalten, Pechen, Zelluloseverbindungen), die mit oder ohne Zusatz von trocknenden Ölen mit flüchtigen Lösungsmitteln bereitet werden und bei ihrem Verdunsten die gelöst gewesenen Stoffe als glasigen Film auf den lackierten Flächen zurücklassen. Lacke, die nur aus festen Bestandteilen und leicht flüchtigen Lösungsmitteln (Spiritus, Benzin, Benzol u. a.) bestehen, heißen *flüchtige Lacke*, solche, die trocknendes Öl in wesentlichen Mengen enthalten, *Öllacke, fette Lacke, Lackfirnisse.*

Genügt zum Trocknen des Lackanstrichs das Stehen an der Luft bzw. ein gelindes Erwärmen auf 40—50° C, so spricht man von *Luftlacken oder Kaltlacken*; ist dagegen zur Erzielung der besten Eigenschaften eine höhere Temperatur (80—100°—160° und darüber) erforderlich, so nennt man sie *Ofenlacke*, bei Trockentemperaturen über 100° auch *Einbrennlacke.*

Ursprünglich dienten natürliche Harze, wie Kolophonium, Schellack, Akaroid, Kopal, Dammar u. a. zur Bereitung der Lacke. Soweit sie ausländischen Ursprungs sind, sind sie durch Kunstprodukte verdrängt worden, die zwar anders zusammengesetzt, aber zu so hoher Vollkommenheit entwickelt worden sind, daß sie die Naturstoffe übertreffen und infolge besonderer Abstufbarkeit der Eigenschaften jedem Verwendungszweck angepaßt werden können. Wichtig als Lackrohstoffe sind namentlich die Alkyd-, Vinyl-, Resol- und Harnstoffharze.

Die *Alkyd-* oder *Phthalatharze* (Alkydale, Alftalate, Duxalkyde, Glyptale, Beckosole u. a.) werden aus Phthalsäure, Glyzerin und Fettsäure (bzw. Öl) als fette, mittelfette und magere Harze hergestellt, deren Lösungen teils als selbständige Lacke luft- oder ofentrocknender Art dienen, teils aber auch in Mischung mit allen anderen Lackrohstoffen zu farblosen Lacken, Spachteln, Grundierungen, Emaillelacken verarbeitet werden. Sie zeigen sehr gute Haftfestigkeit auf Metall und hohe Elastizität, hohe Wasser- und Wetterbeständigkeit bei guter Widerstandsfähigkeit gegen Chemikalien und — namentlich in Mischung mit Harnstoffharzen — hohe Härte und Lichtbeständigkeit. Daher finden sie ausgedehnteste Anwendung z. B. für Automobile, Fahrräder, Eisenbahnwagen, Maschinen, Blechwaren, Haushaltartikel, Konservenbüchsen usw.

Die *Vinylharze* entstehen aus Vinylverbindungen und manchen ihrer Abkömmlinge (Akrylsäure, Styrol, Isobutadien) durch Polymerisierung (z. B. Igelit, Vinoflex PCU, Mowolith, Vinapas; Plexigum, Plexiglas, Akronal; Trolitul, Styroflex; Oppanol); sie erlauben je nach Art ihrer Herstellung die größte Variation ihrer Eigenschaften und sind darum geeignet, die verschiedensten Sonderaufgaben zu erfüllen, z. B. in bezug auf Elastizität und Haftvermögen auf glattem Untergrund, chemische Beständigkeit, Seewasserfestigkeit, Unbrennbarkeit, Ölbeständigkeit, elektrisches Isoliervermögen. Sie finden Verwendung z. B. als kupfer- oder aluminiumbronzehaltige Heizkörperlacke, für Metalltubenlackierung, in der Kabelindustrie, für ölfreie Grundierung, zu Spachteln und ausgezeichneten wetterbeständigen Rostschutzüberzügen, als Silberlack in der Edelmetall- und Konservendosenindustrie, als stoß- und schlagfeste Heeresfarbe, als feuer- und ölbeständige Panzerfarbe. Die für Lackzwecke zu hoch viskosen Arten werden als Folien verwendet, um Behälter gegen chemische Angriffe zu schützen (Vinidur, Mipolam).

Resole gehören zu den *Phenoplasten*; sie entstehen aus Phenol oder phenolartigen Stoffen und Formaldehyd durch alkalische Kondensation, während bei Gegenwart von Säuren sog. *Novolacke* gebildet werden. Beide Harzarten sind leicht schmelzbar und in Spiritus leicht löslich; aber während die Novolacke diese Eigenschaft der Schmelzbarkeit und Löslichkeit dauernd behalten und sich deshalb als Austauschstoff für Schellack und Akaroid eignen, haben die Resole (auch in gelöster Form) die Fähigkeit, sich beim Erhitzen in unlösliche und unschmelzbare Harze (Resite) umzuwandeln (*Härtungsvorgang*). Novolacke erleiden diese Umwandlung erst durch Erhitzen mit Formaldehyd oder ihn entwickelnden Mitteln. Das Endharz ist gegen die meisten Lösungsmittel sowie Chemikalien und Temperaturwechsel sehr widerstandsfähig; bis 100° ist es fast unbeschränkt beständig; über 135° neigt es zur Blasenbildung; erst oberhalb 300° beginnt ohne offene Flamme eine langsame Verkohlung. Die Härtung erfordert Temperaturen von 100—200°; je höher die Erhitzung ist, um so schneller verläuft der Vorgang, um so besser sind Haftvermögen, Elastizität und mechanische Festigkeit des Überzuges. Unvollständig gehärtete Überzüge dagegen sind spröde und zeigen minder gute mechanische Eigenschaften. In Gegenwart von Säuren wird der Härtungsvorgang so beschleunigt, daß er schon bei gewöhnlicher Temperatur bzw.

milder Erwärmung verläuft (*Kalthärtung*). Derartige kalthärtende Lacke dürfen wegen ihres Säuregehaltes nicht unmittelbar auf Metalle aufgetragen werden, sondern verlangen eine säurefreie Grundierung, die von dem Kaltlack nicht angegriffen wird. Da die gewöhnlichen Resole in Kohlenwasserstoffen, Mineralölen und fetten Ölen unlöslich sind, ist sorgfältigste Entfettung der Oberfläche notwendig.

Durch chemische Einwirkung von Resolen auf Kolophonium entstehen die *Albertol-Kunstharze*, die je nach ihrer Herstellung in Spiritus, Benzol- oder Benzinkohlenwasserstoffen oder auch in fetten Ölen (Kunstkopale) Universalharze für fast alle Zweige der Lackindustrie geworden sind.

Harnstoffharze (Plastopale) aus der Gruppe der *Aminoplaste* werden aus Harnstoff (bzw. Thioharnstoff) und Formaldehyd unter Einwirkung von Wärme und Beschleunigern zunächst in Form einer wäßrigen Harzlösung hergestellt. Die nach Entfernung des Lösungsmittels erhältlichen Harze sind teils flüssig, teils zähflüssig, oder fest schmelzbar und nur in sehr wenigen Flüssigkeiten löslich. Durch Hitze gehen sie in den unlöslichen und unschmelzbaren Zustand über. Das gehärtete Harz ist glashell, sehr hart und lichtbeständig, jedoch spröde und haftet auf den Metallen wesentlich schlechter als Phenolharz; bis etwa 120° beständig, beginnt es erst bei etwa 250° zu verkohlen. Manche Typen dieser Reihe werden mit Alkydharzlacken und Nitrozelluloselacken gemischt, wodurch sie ihre Vorzüge bis zu einem gewissen Grade auf diese übertragen. Ähnlich sind die *Melaminharze* aus Melamin und Formaldehyd (Ultrapas).

118. Asphaltlacke (Bitumenlacke) enthalten Asphalt (oder Stearinpech u. ä.) allein oder daneben noch Harze als Grundlage, sind aber durch geringen oder höheren Ölzusatz sowohl als lufttrocknende (magere) wie als ofentrocknende (fette) zusammengesetzt.

119. Spirituslacke bestehen aus Lösungen von Harzen in Spiritus und werden zu billigen und schnell trocknenden Überzügen auf Holz, Stroh, Leder, Metall verwendet; nicht selten sind sie mit Lavendel- oder Rosmarinöl parfümiert und werden dann *Vernis* genannt, weshalb das Auftragen eines durchsichtigen Spirituslackes auch als *Vernieren* bezeichnet wird. Durch Zusatz von Äthylzellulose können diese Lacke bezüglich Härte, Wasserbeständigkeit, Kälte- und Abreibefestigkeit verbessert werden. Neuerdings werden die Spirituslacke zunehmend durch Nitrozelluloselack verdrängt.

120. Zelluloselacke enthalten Zelluloseverbindungen als Lackkörper. Am wichtigsten sind die *Nitrozelluloselacke* (Nitrolacke); sie werden durch Auflösen von Zellulosenitrat (Kollodiumwolle) eines niedrigen Viskositätsgrades bereitet, um den Gehalt an filmbildendem Körper zu erhöhen, verlangen aber zur Verbesserung von Elastizität und Wetterfestigkeit einen Zusatz von Weichmachungsmitteln (Rizinusöl, Triphenylphosphat, Trikresylphosphat, Diäthylphthalat, Dibutylphthalat, Palatinol, Plastol, Mollit, Cetamoll Q, Triazetin, Clophen, Toplast u. a.). Sie liefern härtere und dauerhaftere Überzüge als Spirituslacke; vor den Öllacken haben sie den Vorzug kürzerer Trockenzeit, höherer Härte und besserer Widerstandsfähigkeit bei gelegentlicher Beanspruchung durch Wasser, hingegen den Nachteil geringerer Haftfestigkeit und schnelleren Versagens bei Überbeanspruchung, auch leichter Entzündlichkeit und verlangen peinlich saubere und fettfreie Metalloberflächen. Zur Behebung der Nachteile werden sie in großem Umfange mit Kunstharzen bzw. ihren Lacken kombiniert (*Kombinationslacke*); derartige Produkte werden als Korrosionsschutz, auch als Spannlacke für Bespannstoffe an Stelle der früher hierfür vorgeschriebenen Azetylzelluloselösungen benutzt. *Zaponlacke* sind Lösungen von Zelluloidabfällen oder Filmabfällen oder Kollodiumwolle hoher Viskosität; infolgedessen hinterlassen sie beim Trocknen nur einen hauchdünnen, kaum sichtbaren Film. *Zellonlacke* sind Lösungen von Azetylzellulose, die namentlich als Isolierlacke für die Elektrotechnik dienen. *Zelluloseätherlacke* sind Lösungen von Äthylzellulose oder Benzylzellulose in besonders zusammengestellten Lösungsmittelgemischen und sind durch besondere Unempfindlichkeit gegenüber Chemikalien, hohe Elastizität, Lichtechtheit und Hitzebeständigkeit ausgezeichnet.

121. Chlorkautschuklacke sind Lösungen von Chlorkautschuk in Benzol, Toluol, Xylol, Solventnaphtha, Äthyl-, Amyl-, Butylazetat, Leinöl, Standöl; sie sind unlöslich in Benzin, Petroleum, Mineralölen, Wasser, Alkohol, Azeton. Die niedrigviskosen Sorten liefern spröde, die hochviskosen dagegen elastische Filme. Zur Erhöhung von Elastizität und Haftvermögen erhalten sie einen Zusatz von Weichmachern. Chlorkautschuk ist neutral, geruch- und geschmacklos, nicht brennbar, erweicht bei 80°, oberhalb 100° tritt Gelbfärbung und bei 135° Zersetzung ein. Gegen Wasser, Seewasser, Säuren, Alkalien, Salze, Gase, Spiritus, Benzin ist er vollkommen beständig und wird von Bakterien und Schimmelpilzen nicht angegriffen. Daher sind Chlorkautschuklacke für Korrosionsschutz aller Art geeignet; doch muß die Metalloberfläche frei von Rost und Mineralöl sein und mit zwei oder mehr Anstrichen versehen werden, da jede nur einen dünnen Film liefert. Hierbei ist darauf zu achten, daß jeder Anstrich vor dem Neuauftragen gut lufttrocken ist. Handelsnamen sind Dartex, Pergut, Tegofan, Tornesit.

122. Das Auftragen der Lacke geschieht durch Streichen, Tauchen oder Spritzen, doch muß die Zusammensetzung des Lackes der Arbeitsweise angepaßt sein. Zu achten ist besonders auf eine trockene und fettfreie Unterlage, da der Überzug sonst leicht irisiert oder gar abblättert. Zur besseren Verankerung der Schicht wird die Metalloberfläche auf mechanischem oder chemischem Wege aufgerauht. Auf jeden Fall muß der Grundanstrich genügend elastisch sein, um auch bei häufigem Temperaturwechsel fest haften zu bleiben. Hierbei ist besonders zu beachten, daß die Leichtmetalle (Aluminium, Magnesium) einen etwa doppelt so großen Ausdehnungsbeiwert wie das Eisen haben.

Beim Trocknen des Anstrichs im Ofen ist auf eine langsame Steigerung der Temperatur zu achten, um Blasenbildung im Überzuge zu vermeiden. Je ölreicher die Lacke sind, um so notwendiger sind höhere Temperaturen zur Beschleunigung des Trockenvorganges und zur Erhöhung des Haftens; zu fette Lacke werden hierbei leicht runzelig oder liefern eine Gänsehaut, namentlich, wenn sie zu dick aufgetragen sind. Durch Anwendung langwelliger Licht- und infraroter Strahlen, wie sie durch geeignete Glühlampen entwickelt werden, können Trockentemperatur und -zeit gegenüber der Ofentrocknung wesentlich verringert werden. Zweite und dritte Anstriche dürfen nicht aufgetragen werden, bevor die vorhergehenden völlig getrocknet und nötigenfalls mit feinem Schmirgel glattgeschliffen worden sind.

123. Spachteln. Soll ein rauher Grund mit einem glatten Anstrich aus Ölfarbe oder Lack versehen werden, so muß zuvor der Grund geebnet werden, was durch Ausfüllen der Vertiefungen mit einem geschmeidigen, erhärtenden Kitt, dem *Spachtelkitt*, und durch nachfolgendes Schleifen geschieht. Die Spachtel sind ähnlich wie die entsprechenden Anstrichfarben zusammengesetzt, nur magerer und enthalten einen hohen Zusatz an billigen Mineralstoffen (Ton, Schiefermehl, Kreide). Man unterscheidet *Öl-* und *Lackspachtelkitt.* Der erste kann bereitet werden aus Mischungen von Schiefermehl, Bleiweiß und Kreide durch Zusammenkneten mit einem Gemenge aus 2 Teilen Leinölfirnis, 3 Teilen Terpentinöl oder Lackbenzin und 1 Teil guter Sikkativlösung. Lackspachtel werden von den Lackfabriken hergestellt und als *Messer-* oder *Ziehspachtel* in den Handel gebracht.

Zum besseren Haften des Kittes wird der Grund zweckmäßig erst mit einer mageren Ölfarbe dünn gestrichen; nach dem Trocknen wird der Kitt mit dem *Spachtel*, einer Handhabe aus elastischem Stahlblech oder Holz, in Hohlräume oder Unebenheiten eingedrückt und verstrichen. Durch Verdünnen der Messer- und Ziehspachtel mit Terpentinöl oder Lackbenzin kann man streich- und spritzfähige Spachtel erzeugen, die zum Grundieren ganzer Flächen dienen. Ein Ölspachtel soll in etwa 8 h, ein Lackspachtel in etwa 4—6 h durchtrocknen. Nitrozellulosespachtel trocknen schon in 30—60 min. Nach dem Trocknen wird mit Wasser und Bimsstein oder Sandpapier geschliffen und von neuem gespachtelt, bis der Grund genügend geglättet ist.

124. Spirituslack. **a)** 17 g Schellack, gebleicht, 6,6 g Körnerlack, 0,4 g venezianischer Terpentin, 76 g Spiritus (96%). **b)** 125 g Sandarak in 250 g Spiritus gelöst, dazu 20 g Kampfer und 35 g venezianischer Terpentin.

125. Öllacke. **a)** *Überzugslack für Innenanstriche:* Harzester 28 Teile, Standöl 34 Teile, Bleikobaltresinat 1 Teil, Lackbenzin 37 Teile. **b)** *Überzugslack für Außenanstriche:* Albertol 20 Teile, Standöl 41 Teile, Bleikobaltlinoleat 1 Teil, Terpentinöl 8 Teile, Lackbenzin 30 Teile.

126. Asphaltlacke (nach PRAGER).

a) *Feiner Japanlack:* 16 kg abgelagertes Leinöl werden bis zum Dicklichwerden mit 2 kg feinst gemahlenem Pariserblau, hierauf mit je 12 kg Bernsteinkolophonium und syrischem Asphalt versetzt, bis zum Flüssigwerden erhitzt und nach genügender Abkühlung mit 45 kg Terpentinöl verdünnt.

b) *Ofentrocknender Asphaltlack:* 30 kg syrischer Asphalt, 20 kg Ia. Leinölfirnis, 10 kg Leinölstandöl, 40 kg Terpentinöl.

c) *Lufttrocknender Asphaltlack:* 35 kg syrischer Asphalt, $7^1/_2$ kg gerösteter Angolakopal, 5 kg Leinölstandöl, 60 kg Terpentinöl.

d) *Tauchlack, schnelltrocknend:* 28 kg syrischer Asphalt, 7 kg gerösteter Angolakopal, 5 kg Leinölstandöl, 60 kg Terpentinöl.

127. Nitrozelluloselack für Metalle:

Nitrozellulose (niedrigviskos)	5,5 Teile	Spiritus	10 Teile
Butylazetat	20,0 „	Benzin-Benzol (1 + 1)	43 „
Butylalkohol	6,0 „	Trikresylphosphat	1 Teil
Holzgeist	9,5 „		

128. Zelluloidstreichlack:

Zelluloid (farblos)	8 Teile
Butylazetat	12 „
Butylalkohol	20 „
Lösungsmittel E 13	35 „
Spiritus (96%)	25 „

129. Zelluloidtauchlack:

Zelluloid (farblos)	4 Teile
Butylazetat	30 „
Spiritus (96%)	25 „
Lösungsmittel E 13	21 „
Benzin	20 „

130. Chlorkautschuklack, in 15 min staubtrocken, kann nach 6 h überarbeitet werden:

Pergut H	100 Teile	Mennige	520 Teile
Clophen A 60	50 „	Xylol	300 „
Synthol T	30 „		

131. Entfernung getrockneter Ölfarbe von Metallteilen. Hierzu bieten sich verschiedene Wege: mechanisches Abreißen mit dem Sandstrahlgebläse, Abbrennen mit der Lötlampe oder Auflösen mit geeigneten Lösungsmitteln.

Als *Lösungsmittel* können heiße Laugen, z. B. Natronlauge oder Kalilauge, dienen, die imstande sind, durch Verseifung das getrocknete Öl zu lösen, aber nur dort verwendbar sind, wo die zu reinigenden Waren ohne Befürchtung einer Anätzung in die Lauge eingelegt werden können. Andere Lösungsmittel, die weder die Metalle noch Pinsel angreifen, sind: Terpentin, Schwerbenzin, Handelsbenzol und Rohkresol (letztgenanntes wird im Handel auch als 90—100%ige rohe Karbolsäure bezeichnet). Man legt die Ware in die Flüssigkeiten ein oder streicht diese wiederholt auf die zu entfernenden Anstriche; sie kommen dadurch bald in solchen Zustand der Lösung, Quellung oder Erweichung, daß sie mit einem Lappen abgewischt werden können.

132. Politur und Lackanstriche entfernt man nach denselben Grundsätzen wie bei getrockneter Ölfarbe. Oft können namentlich gewöhnliche Politur und Anstriche von Spirituslacken schon mit Sodalösung oder Salmiakgeist entfernt werden; natürlich kann in diesem Fall auch mit Spiritus heruntergelöst werden; bei fetten Lacken finden dagegen die für Ölfarben angegebenen Lösungsmittel Anwendung.

133. Emaille (Email, Schmelz) nennt man ein leicht schmelzbares, meist undurchsichtiges, farbiges oder farbloses Glas, das zu Schutz- oder Dekorationszwecken auf Metalle, namentlich auf Eisenblech und Eisenguß, aufgeschmolzen wird. In ihrem Wesen gleicht sie vollkommen den Glasuren, die man auf Tonwaren aufzubrennen pflegt. Obwohl das Emaillieren einen ungeheuren Umfang angenommen hat, stellt es in dem weiten Rahmen der Oberflächenveredlung der Metalle ein verhältnismäßig enges Arbeitsgebiet dar, in dem die metallische Unterlage meist nur als mechanischer Träger für die Emailleschicht dient und nur selten an dem Zustandekommen der Oberflächenveredlung selbst teil hat. Bei richtiger Zusammensetzung weisen die Emailleüberzüge besondere Widerstandsfähigkeit gegen mechanische und chemische Beanspruchung auf und verdanken diesem Vorzuge ihre große Bedeutung für technische Apparaturen und Haushaltungsgegenstände.

Die *Rohstoffe für Emaillen* sind hauptsächlich: Feldspat, Quarz, Ton, Soda, Borax und Borsäure, Mennige und Bleioxyd, Flußspat und Kryolith, Knochenasche, Salpeter u. a. Aus diesen kann durch Zusammenschmelzen ein Glas erhalten werden, das man glühendflüssig in kaltes Wasser leitet, wodurch es granuliert, d. h. in ein grobkörniges Produkt umgewandelt wird. Dieses wird vermischt mit etwas Ton und färbenden Zusätzen (wie Zinnoxyd für Weiß, Eisenoxyd für Gelb bis Rot, Kobaltverbindungen für Blau) und dann mit etwas Wasser in Trommelmühlen zu einem unfühlbar feinen, dicken Brei gemahlen. Durch Eintauchen, Aufstreichen oder Aufspritzen wird dieser auf den Gegenstand in gleichmäßiger Schicht aufgetragen. Nach dem Verdunsten des Wassers kommt die Ware in einen auf etwa 600—900° geheizten Ofen, in dem während ganz kurzer Zeit die einzelnen Teilchen des Pulvers miteinander zu einem glänzenden und fest haftenden Überzug verschmelzen.

Beim *unmittelbaren Aufbrennen* weißer oder farbiger Emaillen auf Eisen kann der in diesem enthaltene Kohlenstoff reduzierende Wirkungen ausüben und dadurch zu Farbenveränderung und Blasenbildung Veranlassung geben. Darum pflegt man auf das Eisen zunächst eine unansehnliche, aber fest haftende „Grundglasur" und erst auf diese die eigentliche Emaille, die „Deckglasur", aufzuschmelzen. Dieses Verfahren gewährt den Vorteil, daß die Grundlage gut angepaßt werden kann, was besonders für solche Gegenstände wichtig ist, die im Gebrauch häufig erwärmt und abgekühlt werden. Das wichtigste Hilfsmittel hierfür ist der Gehalt an Kieselsäure; durch seine Steigerung sinkt das Ausdehnungsvermögen.

134. Grundglasur für Eisenblech kann nach folgendem Rezept zusammengeschmolzen werden:

Quarz	20,1%	Flußspat	4,0%	Nickeloxyd	0,3%
Feldspat	25,1%	Natronsalpeter	5,0%	Kobaltoxyd	0,2%
Borax	45,2%				

135. Weiße Deckglasur für Eisenblech. Eine ungiftige (bleifreie) Weißglasur entsteht beim Einschmelzen von

Borax	23,0%	Quarz	13,5%
Feldspat	47,2%	Soda	0,9%
Kryolith	15,4%		

Das granulierte Produkt wird mit einem Zuschlag von 40% Wasser, 8% Ton und 7% Zinnoxyd in der Kugelmühle vermahlen. Für Schilderemaillen kann auch Bleioxyd mitbenutzt werden, wodurch an Borax gespart wird.

136. Grundglasur für Gußeisen. 50 Gewichtsteile Quarz und 25 Gewichtsteile Borax werden in einem eisernen Gefäß geglüht, bis die Masse gleichmäßig zusammengesintert ist. Sie wird nun in Stücke geschlagen und mit 100% Quarz und 50% Ton und Wasser fein gemahlen. Diese Glasur kommt beim Einbrennen auf Gußeisen gar nicht zum Schmelzen, sondern sitzt als poröser, aber sehr fest haftender Überzug darauf. Sie wird vor dem Auftragen der Deckglasur mit einem nassen Schwamm angefeuchtet.

137. Weiße bleihaltige Deckglasur für Gußeisen. Eine Schmelze aus:

Borax	30 Gewichtsteile	Mennige	20 Gewichtsteile
Feldspat	30 „	Kryolith	15 „
Quarz	20 „	Salpeter	5 „

wird granuliert und unter Zuschlag von 7% Ton, 7% Zinnoxyd und Wasser vermahlen.

138. Emaillieren von Eisenblechen ohne Grundglasur. Gemäß DRP. 585 409 (erl.) ist hierzu das Mineral Lepidolith (Lithionglimmer) besonders geeignet. Es wird aufs feinste gemahlen, mit Wasser angerührt, aufgestrichen und nach dem Trocknen bei etwa 1000° eingebrannt. Es entsteht eine fest am Eisen haftende vollkommen undurchsichtige, hochglänzende Emailschicht, die stoßfest und säurefest ist. Statt des natürlichen Minerals kann auch das synthetische Produkt benutzt werden.

139. Vier neuere Rezepte:

a) *Rostschutz-Grundanstrich.*

Tego-Bleimennige	70,0
Leinöl	8,2
Chlorkautschuk Tegofan	4,1
Tetralin	3,3
Xylol	7,2
Toluol	7,2
	100,0

b) *Rostschutz-Deckanstrich.*

Eisenoxydrot	22,47
Trocknendes Öl	22,47
Chlorkautschuk Tegofan	11,24
Tetralin	5,62
Xylol	16,85
Toluol	16,85
Mangansikkativ	4,50
	100,0

c) *Emaillelack.*

Zinkweiß-Grünsiegel	30,0
Chlorkautschuk Tegofan	16,0
Terpentinöl	15,5
Leinöl	5,5
Xylol	33,0
	100,0

d) *Säureschutzlack.*

Chlorkautschuk Tegofan	12,0
Leinölfirnis	4,0
Leinölstandfirnis	4,0
Toluol	45,0
Xylol	13,0
Sikkativ	2,0
Terpentinöl	20,0
	100,0

140. Auf *Farbenmischlacke, seewasserfeste Anstriche, Bitumen- und Stearinpechanstriche* wollen wir nicht weiter eingehen, Ein Lehrbuch über Rostschutz durch Farbauflagen kann und soll hier nicht gegeben werden. Man kann nur die Grundzüge aufzeigen und so eindringlich wie möglich darauf verweisen, daß gerade auf diesem Gebiet das Rezepttaschenbuch verlassen werden muß. Zu jeder zweckentsprechenden Farbauflage gehört die jahrzehntelange Erfahrung der Industrie und auf diese muß auch der erfahrene Malermeister, der sein Handwerk gründlich gelernt hat, zurückgreifen. Tatsächlich bedient er sich auch der Markenpräparate, das ist der Zug der Zeit. Sonderentwicklungen können heute nur mit einem ganzen Stab von Spezialisten betrieben werden, die für den betreffenden Zweck Arbeitsgemeinschaften bilden.

III. Oberflächenveredlung (Metallische Überzüge).

Das Überziehen eines Metalles mit einer dünnen Schicht eines anderen Metalles ist ohne weiteres das Beste, allein schon wegen der mechanischen Widerstandsfähigkeit — wenn richtig gearbeitet wird. Als Überzugsmetall eignen sich besonders Zink, Zinn, Chrom, Nickel, Blei, Cadmium und Kupfer und natürlich die Edelmetalle, wenn der Zweck die Aufwendung dafür rechtfertigt.

Einige besondere Voraussetzungen müssen erfüllt werden:

Das Überzugsmetall muß auf einfachem Wege aufgebracht werden können und eine größere Korrosionsbeständigkeit haben als das Grundmetall. Die Schutzschicht darf keine Poren haben, muß haften und dennoch ausreichend elastisch sein. Besondere gewerbehygienische Ansprüche der Nahrungsmittelindustrie müssen gewahrt werden nach den dafür erlassenen Vorschriften.

Um Klarheit zu gewinnen, ist es nötig, die verschiedenen Verfahren möglichst übersichtlich zu trennen und zu verbinden.

A. Thermische Verfahren.

141. Aufschmelzen, Tauchen. Aufschmelzverfahren sind feurig-flüssige Metallüberzugsverfahren. Bei den niedrig schmelzenden Metallen Zink, Zinn, Kadmium und Blei gelingt die Sache sehr einfach und kommt im wesentlichen hinaus auf das Eintauchen der zu überziehenden Gegenstände in das vorbereitete Bad aus dem geschmolzenen Überzugsmetall. Viele Metalle sind im flüssigen Zustande aber mehr oder weniger ineinander löslich — ebenso wie Salz in Wasser — es bildet sich ein Gleichgewichtszustand heraus als Funktion der Temperatur, der zu behandelnde Metallgegenstand kann einen Gewichtsverlust erfahren, das Bad kann verunreinigt werden. Eine weitere Folge davon ist eine unerwünscht starke Legierungsbildung an der Oberfläche des behandelten Gegenstandes. Erwünscht ist eine gewisse Legierungsbildung bei Zinn und Zink, sie verankert Gegenstand und Überzug durch eine dünne Übergangsschicht und macht den Metallüberzug durch seine gleichmäßige Stärke besonders korrosionsbeständig. Feurigflüssige Metallüberzugsverfahren sind in hohem Maß Handwerksgebrauch, das soll heißen, daß man die Legierungsbildung und das Kristallwachstum praktisch kennen lernen muß, das Ziel ist die richtige Arbeitsweise und weniger eine Berechnung, wie bei Spannung und Stromdichte. Es gibt auch noch Kunstgriffe, wie das Aufbringen eines weiteren Metalls als Zwischenschicht unter dem eigentlichen Schutzüberzug.

Kupfer, Nickel, Chrom und einige andere Metalle schmelzen zu hoch und werden daher nicht durch Schmelzfluß, sondern durch Plattieren oder galvanotechnisch aufgebracht. Die Grenze der Anwendbarkeit der Feuermetallisierung dürfte bei der Feueraluminierung liegen, man wird sie anwenden, wenn man harte zwischenmetallische Verbindungen billig erzielen will, sie sind aber spröde. Im übrigen ist Voraussetzung für alles eine vorher einwandfrei metallisierte Oberfläche des Gegenstandes, über die wir ausführlich gesprochen haben. Weiter kann man feurigflüssige Metallüberzüge durch Auftropfen oder Aufreiben herstellen. Man kann auch einen Metallüberzug wie einen Anstrich anbringen und dann bis zum Schmelzen des Metallüberzugs erhitzen. Alle Arbeiten dieser Art erfordern keine großen Voraussetzungen, wichtig sind handwerkliches Können und das Einhalten der gewerbehygienischen Vorschriften, weil alle Metalldämpfe giftig sind.

142. Diffusion von Metallen. Technisch interessanter ist die Herstellung von Metallüberzügen mittels Diffusionsverfahren, verständlicher Zementationsverfahren genannt, darum, weil eine Diffusion von festen Stoffen in vorgelegte Metalloberflächen stattfindet, deren Beispiel das Diffundieren von festem Kohlenstoff in festes Eisen bei bestimmten Temperaturen bildet. „Zementieren" darum, weil es sich bei diesem von der Eisenindustrie geprägten Ausdruck um die Umwandlung von weichem Eisen in Stahl — Stahl wird von weichem Eisen zunächst durch den Kohlenstoffgehalt unterschieden — handelt. Daraus ist dann die Einsatzhärtung von schmiedbarem Eisen geworden.

Aber wir können die Diffusion von Metallen in andere Metalloberflächen überhaupt als Zementation bezeichnen. Dafür gibt es die Physik und dafür gibt es Zustandsdiagramme. Ausschlaggebend sind die Sättigungsdiagramme, welche die Grenzen angeben für den Grad, bis zu welchem Metalle ineinander diffundieren können.

143. Diffundieren, Zementieren — wir brauchen den technischen Ausdruck Zementation — vollzieht sich an der Berührungsstelle zweier Metalle. Die Art der Berührung ist wesentlich. Die anzuwendende Temperatur ist wichtig, sie hängt natürlich von den betreffenden Metallen ab. Unter 1000° C ist kaum auszukommen, oberhalb dieser Temperatur kann die Zementierung augenfällig schnell werden. Man verwendet für das Zementieren, also die Diffusion zweier Metalle ineinander, das Überzugsmetall vorzugsweise in Pulverform, man packt den zu überziehenden Gegenstand in das Metallpulver, mit dem man die Legierung bilden will und erhitzt bis eben unter den Schmelzpunkt des festen Diffusionsstoffes. Um jede Oberflächenoxydation auszuschließen, arbeitet man in geschlossenen Behältern und am besten in einer Atmosphäre, die von selbst jede Oxydation ausschließt, also z. B. in Wasserstoff. Einige Kunstgriffe bezgl. dichten Anliegens des Metallpulvers bestehen in Rütteln, Anpressen, Schütteln, Reiben und in mechanischer Bewegung in Trommeln. Eine besonders feine Verteilung des Überzugsmetalles wird erzielt durch Zusatz von indifferenten Stoffen zu dem Metallpulver, man erhält dichtere und feinere Niederschläge. Man verdünnt also praktisch das Metallpulver und arbeitet nicht so massiv. Das ist dasselbe, wie wenn bei einem bestimmten Vorgang eine Lösung von einer bestimmten Konzentration sich als die beste bewährt. Die erzielten Überzüge sind Legierungen, die sich von außen nach innen ändern, unmittelbar auf dem Gegenstand liegt die an Überzugsmetall ärmste Schicht. Die Eindringtiefe wird mit steigender Temperatur größer, die Diffusion, also der Vorgang des Zementierens, beginnt aber erst von einer bestimmten Temperatur an. *Beispiel* für einen Diffusionsvorgang ist das *Verzinken von Eisen*, nach dem Erfinder *Sherardisieren* genannt (s. Nr. 152). Es erfolgt innerhalb einer Stunde bei einer Temperatur von nicht unter 250° C. Die Dicke der einzementierten Schicht wächst mit der Temperatur und der Dauer der Erhitzung, übersteigt jedoch im allgemeinen nicht die Tiefe von etwa 1 mm. Man kann galvanisch hergestellte Überzüge thermisch nachbehandeln, das ist manchmal für die innigere Verbindung zwischen Oberfläche und Veredlung von Nutzen. Dann erhitzt man den auf galvanischem Weg erhaltenen Überzug auf eine Temperatur, die etwas unterhalb seiner eigenen Schmelztemperatur liegt. Die Sache muß sich aber mit dem Gegenstand, dessen Oberfläche zu veredeln ist, vertragen. Das Verzinken von Eisen und Kupfer sind Begriffe für das Verfahren des Zementierens. Begriffe sind auch das *Alitieren* und das *Kalorisieren*. Verfasser erwähnt diese Verfahren hier nur darum, weil ein besonderer Interessent dann wissen wird, wo er in der reichlich vorhandenen Literatur nähere Aufschlüsse zu finden hoffen darf. Es gibt dann noch besondere Feinheiten: man kann die Sache im Prinzip umkehren, d. h. eine Legierungskomponente herausdiffundieren oder teilweise verdampfen oder teilweise oxydieren. Technisch nennt man das Randverarmungen, sie sind für Legierungen aus Silizium/Aluminium-, Magnesium/Kalzium-, Aluminium/Magnesium-Legierungen beschrieben worden.

In den nächsten Abschnitten folgen einige Beispiele.

144. Feuerverzinken ist besonders für solche Gegenstände empfehlenswert, die eine starke Zinkauflage erhalten sollen (Bleche, Drähte, Röhren), oder Hohlgefäße mit gefalzten oder genieteten Nähten, die durch das geschmolzene Zink abgedichtet werden. Dagegen ist zu berücksichtigen, daß kleinere Öffnungen, Einschnitte, Bohrungen usw. leicht verstopft werden, und daß beim späteren Biegen oder Falzen die Feuerverzinkung häufig abspringt.

Die Temperatur des Zinkbades muß möglichst niedrig gehalten werden (Schmelzpunkt des Zinks 420°), tunlichst nicht über 450°, weil das Zink aus der eisernen Wanne oder den eingetauchten Eisengegenständen um so leichter etwas Eisen aufnimmt, je höher die Temperatur ist; die entstehenden Zink–Eisen-Legierungen sind zähflüssiger als das Zink und hart und spröde (Hartzink).

Das geschmolzene Zink wird mit einer etwa 5 cm dicken Schicht aus Salmiak und Zinnchlorid überschichtet, um den Abbrand zu verringern und die vorher mit Säure gebeizten Gegenstände vor erneutem Anlaufen beim Eintauchen zu schützen. Das Gewicht der Zinkauflage schwankt etwa zwischen 200—500 g je m^2 Oberfläche und hängt ab teils von der Bildung der erwähnten Hartzinklegierungen, teils von der Art, wie nach dem Herausnehmen aus dem Bade das locker anhaftende Zink durch Abwischen oder Abstreifen (etwa zwischen Walzen) entfernt wird. Nach dem Herausnehmen aus dem Zinkbade wird die Ware in (zweckmäßig heißes) Wasser oder Öl zur Abkühlung gebracht und dann mit Kleie oder Sägemehl abgebürstet. Besondere Vorsicht verlangt das Verzinken von Draht für Drahtseile; damit die Festigkeit des Drahtes nicht leidet, ist dafür zu sorgen, daß das Zinkbad nicht zu heiß wird und der Draht gerade nur die nötige Zeit im Bade verbleibt. Der in Rollenform befindliche Draht wird nach dem Ausheben mehrere Male sehr kräftig bewegt, um überschüssiges Zink abzuschleudern. Zur Verbesserung des Aussehens läßt man den verzinkten Draht mit einer Temperatur von etwa 120° durch ein Zieheisen derselben Nummer laufen, durch das er vor dem Verzinken gegangen ist.

Auf kleineren Eisengegenständen kann das Haftvermögen des Zinks dadurch verbessert werden, daß man sie vor dem Verzinken in einer Trommel durch mit Kupfervitriol getränkte Sägespäne schwach verkupfert.

145. Patentverzinkung (Spar-, Hochglanz-Legierungsverzinkung) beruht darin, daß das Zink mit etwa $^1/_2$% Aluminium legiert wird. Die hierdurch erzielte Leichtflüssigkeit des Bades macht es möglich, das Gewicht der Zinkauflage auf 100—200 g je m^2 Oberfläche herabzusetzen und die Bildung von Hartzink zu erschweren. Daher zeigen diese dünneren Überzüge eine höhere Haftbarkeit und Haltbarkeit, so daß derartig behandelte Bleche gut bearbeitbar und sogar falzbar sind. Dagegen ist das Verfahren für Hohlgeräte und Gefäße mit gefalzten oder genieteten Nähten weniger geeignet. Ein Nachteil der aluminiumhaltigen Bäder liegt darin, daß auf ihnen kein Salmiakfluß gehalten werden darf, da sich sonst das Aluminium als Aluminiumchlorid verflüchtigt; es muß daher der benötigte Fluß auf jedes Stück aufgetragen werden.

Zur Einführung des Aluminiums bereitet man eine Vorlegierung aus Zink mit etwa 5% Aluminium, die dann dem Bade zugesetzt wird. Die in etwa 10%ig. Salzsäure gebeizten und in Wasser gespülten Bleche kommen für einige Minuten in eine starke Lösung von Zinkammoniumchlorid (bzw. von Zinkchlorid und Salmiak). Nach dem Herausnehmen läßt man abtropfen und führt dann das Blech zum Trocknen auf einem Bande durch einen nicht zu heißen Ofen. Noch warm gelangt es dann in das Zinkbad, das an der Oberfläche, wie üblich, durch einen Steg in zwei Abteilungen getrennt ist; auf der Eingehseite dampft der Fluß ab, auf der Ausgehseite wird das Blech herausgenommen. Da die Aluminium-Zink-Legierung innerhalb eines kleinen Temperaturbereiches erstarrt, können nur kleine „Zinkblumen" durch Kristallisation entstehen; werden die Stücke beim Herausnehmen gleich in Wasser gekühlt, so verschwinden die Blumen überhaupt, und die Verzinkung erhält ein glattes, silberglänzendes Aussehen. Umgekehrt werden aus zinnhaltigen Zinkbädern große „Zinkblumen" erhalten.

Weitere Verfahren sind das Handtauchverzinken, das Bleizinkverfahren und als spezielle Feuerverzinkungsverfahren das Aplatärverfahren, das Metamineverfahren, das Crapoverfahren, das Galvanisieranlaßverfahren, das Flame-Sealedverfahren usw.

146. Feuerverzinnen. Das reine Zinn schmilzt bei 232°; die Temperatur der Verzinnungsbäder soll nicht höher als 30—35° über dem Schmelzpunkt des Metalls liegen. Ist sie zu niedrig, so haftet das Metall nur schlecht auf der Ware, und die Überzüge werden rauh; ist die Temperatur zu hoch, so nehmen die Überzüge eine gelbliche Farbe an und fallen dann zu dünn aus. Zum Schutz des Bades vor Oxydation wird es mit Talg oder Palmöl oder einem Gemisch aus 85% Zinkchlorid, 10% Kochsalz und 5% Zinnsalz überschichtet. Die sorgfältig gereinigte Ware wird zur Trocknung und Vorwärmung in ein entsprechendes heißes Bad aus Talg (oder Mineralöl von hohem Flammpunkt) bzw. aus Salzfluß eingetaucht; die beim Herausnehmen haftenbleibende Schicht gewährt bis zum Eintauchen in das Zinnbad einen Schutz vor dem Anlaufen. Eiserne Gegenstände bilden im Zinnbade an ihrer Oberfläche eine Zinn–Eisen-Legierung, deren Art von der Temperatur des Zinnbades und der Tauchdauer beeinflußt wird. Von ihrer Natur hängt daher die Härte der Oberflächenschicht ab, was namentlich für Bleche wichtig ist. Auf Grund praktischer Erfahrungen soll das günstigste Ergebnis dann erzielt werden, wenn beide Seiten einer Blechtafel gleichmäßig von 30 g Zinn je m² überzogen werden. Nach dem Herausnehmen aus dem Zinnbade werden die Gegenstände durch Aufklopfen oder durch Abreiben mit Kleie oder mit Hanfballen, die mit Fett getränkt sind, von lose anhaftendem Zinn und Salz befreit. Zeigt es sich, daß der Überzug nicht porenfrei ist, oder entstehen durch eine etwa nachfolgende Bearbeitung der Gegenstände Verletzungen der Zinnschicht, so erfolgt ein *Nachtauchen* in einem besonderen Bade, das mit reinem Zinn beschickt ist und nur für diesen Zweck dient, während das Hauptbad allmählich ein wenig von den eingetauchten Metallen aufnimmt.

Arbeitet man mit zweimaligem Tauchen, so wird das erste Bad mit etwas höherer, das zweite mit möglichst niedriger Temperatur betrieben, um es vor Verunreinigung durch Eisen zu schützen. In solchem Falle pflegt man das erste Bad durch einen Salzfluß, das zweite mit Palmfett oder Talg abzudecken. Gemäß DRP. 601743 (erloschen) soll das erste Bad mit einer Zweischichtendecke versehen werden, von denen die untere aus dem Salzfluß (z. B. Zinkchlorid + Salmiak) und die obere aus Fett oder Kolophonium besteht. Beim Herausziehen der Ware wird der an der Oberfläche des Zinns haftengebliebene Salzfluß durch die Harzschicht abgestreift, so daß das Abwaschen vor dem Nachtauchen gespart wird.

Besondere Sorgfalt ist auf die *Abkühlung* verzinnter Eisengegenstände zu richten, weil das Zinn einen doppelt so großen Ausdehnungsbeiwert wie das Eisen hat und deshalb bei plötzlichem Abkühlen zur Bildung von Rissen in dem Überzug neigen würde. Zur Erzielung eines langsamen Erkaltens legt man die Ware in heißes Mineralöl, das allmählich durch einen Wassermantel abgekühlt wird, oder läßt sie durch mehrere derartige Bäder von abnehmender Temperatur hindurchgehen.

147. Verzinnen von Eisenblech. Hohe Anforderungen an die Verzinnung werden namentlich beim *Weißblech* gestellt. Um sie zu befriedigen, ist schon bei der Herstellung der Bleche auf höchste Sauberkeit zu achten, um das Einwalzen von Fremdkörpern, wie Sand, Ziegel- oder Kokskörnchen, zu verhindern. Sonst entstehen punktförmige Grübchen, die Feuchtigkeit, auch Säure aus dem Beizbade zurückhalten und im Verzinnungsbade langsamer abgeben als das glatte Blech; so entstehen Zinnblasen, die beim Herausnehmen aus dem Zinnbade platzen und Poren in dem Überzug entstehen lassen. Ein weiterer Fehler ist Narbigkeit der Bleche, die sich darin äußert, daß kleine inselartige Stellen, die wesentlich größer als die Poren sind, sich nicht mit Zinn behaften, also entweder davon frei oder nur lose überbrückt sind. Die Narbigkeit kann die Folge von örtlicher Überhitzung der Bleche, von Fremdeinschlüssen des Roheisens, auch von ungenügendem Beizen sein.

148. Feuerverzinnen von Gußeisen. Gußeisen nimmt wegen der Gußkruste und des hohen Kohlenstoffgehaltes das Zinn nur schwierig an und erfordert eine sorgfältige, auf Entfernung der Störungsmittel gerichtete Vorbehandlung.

So können die von Sand befreiten Gußstücke entweder in Sparbeize behandelt oder etwa 12 h hindurch in einem Beizbade aus etwa 10%ig. Schwefelsäure belassen werden, bis die Gußkruste so mürbe geworden ist, daß sie mit dem Fingernagel abgekratzt werden kann; nach ihrer Entfernung muß die Oberfläche eine lichtgraue (keine grauschwarze) Farbe aufweisen. Nach dem Beizen werden die Gegenstände in Wasser gereinigt und dann mit scharfkantigem Granitschotter unter Zusatz von Wasser gründlich gescheuert, was auch in umlaufenden Trommeln während 16—24 h geschehen kann. Unter Vermeidung des Anfassens und Trocknens werden die Geräte sorgfältig gespült, für einige Minuten in verdünnte Salzsäure und unmittelbar danach in ein Bad von Kupferchlorid eingelegt; hierin überzieht sich die Oberfläche rasch mit einer hauchdünnen, rötlichen Kupferschicht (vgl. Nr. 64, 65), durch die das Haftenbleiben des Zinns erleichtert wird. Die aus dem Kupferbade entnommenen Stücke werden unmittelbar in das Zinnbad gegeben.

149. Heißverzinnen durch Aufreiben (Streuzinn). Zahlreiche Gegenstände aus Kupfer und Messing sind auf der Innenseite mit einer dauerhaften Verzinnung zu versehen, was durch Aufreiben von geschmolzenem Zinn geschieht. In die trockenen, vorher durch Scheuern oder Beizen gereinigten Geräte wird mit der erforderlichen Menge Zinn Kolophoniumpulver, Salmiak oder Ammoniumzinnchlorid eingetragen, denen die Aufgabe zufällt, bei dem nun folgenden Erhitzen (gewöhnlich auf Kohlenfeuer) die Oberfläche vor dem Anlaufen zu schützen bzw. von der Oxydschicht zu befreien. Sobald das Zinn geschmolzen ist, wird es zusammen mit den Zusätzen durch einen Ballen aus Werg möglichst gleichmäßig auf der erhitzten Fläche verrieben. Durch Drehen und Wenden ist Sorge zu tragen, daß alle Teile der Wandung erhitzt und verzinnt werden.

150. Feuerverbleiung. Verglichen mit dem Zink, zeigt das Blei eine größere chemische Widerstandskraft z. B. gegenüber Seewasser, Schwefelsäure u. a. Jedoch wird das Blei schwerer als Zink oder Zinn vom Eisen angenommen, und darum müssen die Gegenstände sehr sorgfältig vorbehandelt sein. Hiernach kommen sie für etwa 2 min in Lötwasser (eine gesättigte Lösung von Zinkchlorid in 5%ig. Salmiaklösung) und werden dann in das etwa 340—360° heiße Bleibad getaucht (Schmelzpunkt des Bleies 327°), das mit einer Schutzdecke aus Zinkchlorid und Salmiak versehen ist. Da das reine Blei wegen seiner Dünnflüssigkeit von Blechen und Drähten großenteils abläuft und der zurückbleibende Teil in ungleichmäßiger Schicht haftet, wird nach dem Abkühlen das Eintauchen in das Lötwasser und in das Bleibad noch zweimal wiederholt; dadurch soll auf Eisen eine glatte Bleischicht von etwa $^{1}/_{20}$ mm Dicke erzielt werden.

151. Überzüge aus Blei-Zinn. Blei und Zinn gehen leicht Legierungen miteinander ein, die niedriger als das Blei und zum Teil sogar als das Zinn schmelzen und an Härte, Festigkeit und Haftvermögen das Blei übertreffen. Daher werden Überzüge aus Blei-Zinn-Legierungen häufig auf dünnen Stahldrähten an Stelle reiner Verzinkung angewendet, weil infolge der niedrigeren Badtemperatur die Gefahr einer Schädigung der Drahtfestigkeit verringert wird. Aber auch auf Röhren und anderen Gefäßen werden sie benutzt, da sie gegen Seewasser und Chemikalien haltbarer als das Zink, ferner billiger als Zinn allein und weniger weich und schmierend, als das Blei sind. Eine Legierung aus gleichen Gewichtsteilen Blei und Zinn verhält sich bei der Verarbeitung ähnlich wie das Zinn. In dem Maße, wie der Zinngehalt kleiner wird, treten die nachteiligen Eigenschaften des Bleis mehr und mehr hervor, indem die Schmelztemperatur des Bades und ihr schädigender Einfluß auf die mechanischen Eigenschaften des Stahles steigt und gleichzeitig die Weichheit des Überzuges und die Neigung zum Schmieren und Ungleichmäßigwerden zunimmt.

152. Sherardisieren, ein besonderes Verzinkungsverfahren für kleine Massenware aus Eisen. Die Gegenstände werden durch Beizen in Schwefelsäure oder durch Trommeln mit Sand oder mit dem Sandstrahlgebläse metallisch rein gemacht, wobei keine so gründliche Reinigung erforderlich ist wie beim galvanischen Verzinken. Dann werden sie unter Luftabschluß in umlaufenden Trommeln mit Zinkstaub auf 250—400° erhitzt, also auf Temperaturen unterhalb des Schmelzpunktes des Zinks, bei denen indessen schon eine merkliche Verdampfung des Zinks eintritt. Der Zinkdampf dringt in die Poren der Ware und legiert sich oberflächlich mit dem Eisen; darüber entsteht ein dünner Zinküberzug, dessen Stärke im wesentlichen von der Temperatur und Erhitzungsdauer abhängt. Der Zinkstaub kann immer wieder benutzt werden, bis sein Metallgehalt unter 20% gesunken ist. In der Regel wird er mit seinem 5—10fachen Gewicht Sand gemischt.

Das Erhitzen geschieht in einer Trommel mit 20—40 U/min, die in einen Ofen eingefahren werden kann. Die Trommel ist nicht voll zu packen (jedoch so, daß alle Teile vom Zinkstaub bedeckt sind) und gut zu schließen. Schmiedeeiserne Gegenstände werden am besten bei 320°, Gußteile, Tempergußstücke usw. bei 350°, Stahlteile bei 270° und weniger verzinkt. Je höher die Temperatur ist, um so geringer ist das Eindringen des Zinkes, um so stärker aber ist die Reinzinkschicht und umgekehrt. Die Zinkmenge kann man zu ungefährt 3% des Einsatzgewichtes annehmen. Nach 1—2 h ist die gewünschte Temperatur erreicht, und nach weiteren Erhitzen von 1—4 h je nach Ware kann die Trommel ausgefahren werden. Der Inhalt muß zur Vermeidung von Selbstentzündung abkühlen, ehe man die Trommel entleeren darf. Durch Rütteln auf einem Sieb werden die Teile vom Staub getrennt.

153. Aluminieren von Metallen. Hierunter ist eine Reihe von Verfahren zur Erzeugung aluminiumreicher Legierungen auf Eisen und anderen Metallen zusammengefaßt, wodurch diese vor einer raschen Verzunderung bei hohen Temperaturen bewahrt werden sollen. Ausgenützt wird hierbei die Eigenschaft des

Aluminiums, bei hohen Temperaturen in das Grundmetall unter Bildung widerstandsfähiger Legierungen hineinzudiffundieren. Auf verschiedenste Weise sucht man dies zu erreichen, z. B. durch Durchziehen des Gegenstandes durch ein Aluminiumschmelzbad, durch Einbrennen einer durch Aufstreichen oder Aufspritzen aufgetragenen Aluminiumschicht, durch Spritzguß, durch Einbetten in Aluminiumpulver und Erhitzen darin.

Kommen Eisen und Aluminium bei Temperaturen oberhalb 658° in Berührung, so wird zunächst Eisen aufgelöst unter Entstehung der spröden Verbindung Al_3Fe; diese wandert allmählich tiefer in das Eisen unter Bildung von Mischkristallen. In einem solchen Überzug werden demnach von innen nach außen 4 verschiedene Zonen übereinander lagern: unverändertes Eisen, Mischkristallgebiet, Al_3Fe-Zwischenschicht, Aluminiumdeckschicht. Gleichmäßigkeit und Haftfestigkeit des Überzugs werden um so besser sein, je weniger Störungen die Diffusion aufweist. Darum ist es notwendig, daß die Oberfläche des Eisens metallisch rein, auch frei von Wasserstoff ist; zu ihrer Vorbereitung dienen Salzschmelzen aus Chloriden oder Fluoriden, die unmittelbar auf dem Aluminiumbade angeordnet sein können und den Gegenstand gleichzeitig auf die richtige Temperatur vorwärmen. Die Geschmeidigkeit des Überzuges wird um so größer sein, je dünner die spröde Al_3Fe-Zwischenschicht ist; die chemische Widerstandsfähigkeit wird um so größer sein, je reiner und dichter die Aluminiumdeckschicht ist. Zur Erreichung dieser Ziele soll die Badtemperatur so niedrig und die Tauchdauer so kurz wie möglich sein. Bei guten Überzügen soll die Zwischenschicht nicht stärker als etwa 0,01 mm sein; die Deckschicht wird vorteilhaft 2—4mal so dick gehalten. Bei einer Gesamtstärke von 0,04 mm werden etwa 110 g Aluminium je m^2 verbraucht.

Derartige Schutzschichten werden auf Tiegeln, Glühtöpfen, Kesseln, Roststäben, Ofenplatten, Muffeln, Einsatzhärtekästen, Drähten usw. erzeugt. Bei hohen Temperaturen in oxydierender Atmosphäre entsteht auf der Oberfläche eine dünne, aber festhaftende und hitzebeständige Schicht von Aluminiumoxyd, welche die Verzunderung verhindert.

Alitieren ist die Bezeichnung für das von Krupp ausgeübte Verfahren. Bei alitierten Stücken hört die Schmied- und Schweißbarkeit auf; in der Kälte sind sie nicht mehr, wohl aber in der Rotglut richtbar; an Beständigkeit ist das alitierte Eisen dem nichtalitierten bei 850° etwa 20—50fach überlegen, bei 900° nur 10- bis 15fach, bei 1000° 6—8fach, bei 1100° etwa 4fach und bei 1200° nur noch etwa 3fach. Da die Kosten etwa das 2—5fache betragen, so bleibt bis 950° noch gute Wirtschaftlichkeit der alitierten Stücke bestehen. Für das Alitieren sind geeignet: Flußeisen, Kohlenstoffstahl, niedrig und hoch legierte Stähle, Stahlguß und getemperter Guß, auch Kupfer und Messing, dagegen nicht Gußeisen.

Kalorisieren heißt das Verfahren der AEG (DRP. 285 245, erloschen). Die zu kalorisierenden Stücke werden in einer Aluminiumpulver enthaltenden Mischung geglüht. Diese Mischung wird aus geglühter Tonerde und gepulvertem Aluminium unter Beifügung von ungefähr 1% Chlorammonium hergestellt. Der Aluminiumgehalt schwankt zwischen 5 und 50 Gewichtsprozenten, je nach der Verwendung, zu der das Stück bestimmt ist. Der Tonerdegehalt kann auch fortfallen oder durch andere Stoffe ersetzt werden. Für Kupfer- und Messingteile wird die Mischung niedrig an Aluminium und die Erhitzungstemperatur auf 700—800° gehalten. Für Stahl und Eisen werden reichere Mischungen gebraucht und die Temperatur auf 900—950° gesteigert. Die Mischungen werden unter Ersatz des bei jeder Erhitzung eintretenden Aluminium- und Chlorammoniumverlustes wiederholt verwendet.

Kupfer überzieht sich mit einer 0,2—0,3 mm dicken Schicht einer hochpolierfähigen, harten und zähen und gegen Säuren widerstandsfähigen Legierung von der Farbe der Aluminiumbronze.

Die auf *Eisen* entstehende Legierung ist sehr spröde, weshalb Drähte und dünne Bänder nur mit einer leichten Haut versehen werden, um die Biegsamkeit nicht zu beeinträchtigen. *Nickel* dagegen überzieht sich mit einer geschmeidigen Schutzschicht, so daß kalorisierte Nickeldrähte ihre Biegsamkeit behalten.

Alumetieren ist das Verfahren nach HOPFELT: Aluminium wird auf Eisengegenstände aufgespritzt; nach Trocknung eines aufgestrichenen Flußmittels wird bei etwa 800° geglüht.

154. Chromieren von Stahl. Um Stahl rostsicher zu machen, kann man (ähnlich dem Kalorisieren, Alitieren und Zementieren) Chrom in die Oberflächenschicht einführen. KELLEY (Stahl und Eisen 1923, 1286) verwendet ein Chromierungsgemisch aus 45% ausgeglühter Tonerde und 55% Chrommetall (mit mindestens 95% Chromgehalt). Die Tonerde ist als Verdünnungsmittel notwendig, weil sonst ungleichmäßige Stellen entstehen. Das Chromieren muß bei 1300 bis 1400° im Wasserstoffstrom ausgeführt werden; der Gegenstand wird in Eisenröhren gepackt, die ihrerseits in Alundumröhren liegen; zur elektrischen Heizung sind diese mit Molybdändraht umwickelt. Unbedingt notwendig ist es, daß sowohl das Gas wie das Chromierungsgemisch vollkommen trocken sind.

Für praktische Zwecke genügt eine Einsatzdauer von wenigen Stunden. Die chromierte Schicht enthält im Durchschnitt 10—15% Chrom. Bei nachträglichem Glühen in Wasserstoff nimmt der Chromgehalt der Oberfläche durch Wanderung in das Innere ab. Höherer Kohlenstoffgehalt ist der Chromaufnahme hinderlich; bei härteren Stählen äußert sich dies darin, daß das Chrom erst aufgenommen wird, wenn die Oberfläche durch den Wasserstoff genügend entkohlt ist.

Durch nachträgliche Aufkohlung der Chromierungsschicht wird die Rostbeständigkeit vermindert. Derartig chromierte Gegenstände sind gegen Salpetersäure, nicht aber gegen Salzsäure und Schwefelsäure widerstandsfähig. Auf diesem Wege chromierte Turbinenschaufeln aus Nickelstahl zeigten nach einjährigem Gebrauch noch keine Spur von Rost.

155. Einbrennen, Amalgieren. Die Einbrennverfahren, auch Amalgamverfahren genannt, können wir kurz abtun. Das Amalgamieren eines Überzugsmetalles mit metallischem Quecksilber war frühzeitig bekannt, dergleichen Verfahren sind überhaupt das Grundgewerbe gewesen in einer Zeit, als man sich zuerst mit der Überführung eines bestimmten Metallzustandes in einen anderen befaßte. Das Überzugsmetall wird in flüssigem Quecksilber aufgelöst, auf den Gegenstand aufgebracht und erhitzt, bis das Quecksilber sich verflüchtigt. Das war früher das gegebene Verfahren zur Vergoldung und Versilberung. Es ist teuer und wegen der Quecksilberdämpfe höchst gesundheitsgefährlich. Die Schichten sind gut, von schöner Farbe und großer Haltbarkeit.

156. Aufdampfen. *Schutzüberzüge aus der Gas- oder Dampfphase.* Ersichtlich kann es dafür nur 2 praktische Möglichkeiten geben: Man führt das Überzugsmetall in Dampfform über und leitet es gegen den zu überziehenden Gegenstand — mit oder ohne Zuhilfenahme eines indifferenten, unterstützenden Gasstroms —, wobei die Temperatur des Gegenstandes niedriger gehalten wird als die Kondensationstemperatur der Metalldämpfe. Denn andernfalls entsteht kein haltbarer Überzug. Das andere Verfahren besteht darin, daß man auf dem Gegenstand eine thermische Dissoziation oder eine Reaktion aus einer bequem zu handhabenden Verbindung des Überzugsmetalls gegen den Gegenstand stattfinden läßt, so daß ein Metall oder Metalloid niedergeschlagen wird. Man sieht, daß ein derartiges

Aufdampfverfahren dem Diffusions- oder Zementierungsverfahren recht ähnlich ist. Das Verfahren des Aufdampfens hat technische Vorteile. Die heißen Metalldämpfe können profilierte oder unregelmäßig geformte Oberflächen gleichmäßig beeinflussen, ebenso wie hohle Gegenstände oder Rohre von innen. Man kann Legierungen erzeugen, indem man zwei verschiedene Metalle verdampft. Silizium-, Titan- oder Borüberzüge sind möglich. Die Überzüge werden gleichmäßig, ohne praktisch nachteilige Porenschläuche, die Überzugsdicken sind regelbar. Die Überzüge fallen am besten aus, wenn Gegenstand und aufgebrachtes Metall eine Legierung zu bilden vermögen. Darum haften die Überzüge auch gut. Theoretische Erörterungen über die Diffusionsgeschwindigkeit in Abhängigkeit von der Schnelligkeit der Abscheidung und der Abkühlung fallen hier aus dem Rahmen. Wiederum betont der Verfasser, daß ein Rezeptbuch für die Werkstatt heute kein Kochbuch sein kann, wenn sein Umfang beschränkt ist. Es erfüllt dann seinen Zweck, wenn es die großen Gesichtspunkte — wenn auch nicht ohne Beispiele — aufzeigt. Wir sind heute alle Spezialisten, leider, diese Entwicklung ist nicht aufzuhalten.

Es gibt noch mehr Ähnlichkeiten zwischen Aufdampfen und Zementieren. Sie liegen vor allem in der Sättigung der Dämpfe des überziehenden Metalls, die mit dem Grundmetall in Berührung stehen. Man arbeitet beispielsweise im elektrischen Lichtbogen, mit oder ohne Herabsetzen der Verdampfungstemperatur durch Druckmindern. Bei Atmosphärendruck würde Zink bei 800—900° C, Cadmium bei 700—750° C verdampfen. Das weitere bewirkt die Kondensation an den kühleren Werkstücken. Neue Bildung von Oxyd auf den ja mühsam und sorgfältig vorzubereitenden Werkstücken muß unter allen Umständen vermieden werden, daher wird am besten in reduzierender Atmosphäre oder irgendwie neutral oder sauer gearbeitet. (Wasserstoff, Kohlenoxyd, Stickstoff, Kohlendioxyd usw.) Andernfalls haften die Überzüge nicht, das ist ja auch klar. Anwendungsgebiete sind beispielsweise Überzüge aus Chrom, Platin, Zinn, Nickel usw. Jedenfalls wird die Chromierung praktisch und mit gutem Erfolg ausgeführt. Über die Aufdampfverfahren gibt es eine umfangreiche Patentliteratur, die gelesen werden muß.

B. Mechanische Verfahren.

157. Die Herstellung von Metallüberzügen durch Plattieren wird ungefähr umschrieben durch das Verbundgußverfahren, die Walzschweißplattierung, Herstellen von Mehrfachmetallkörpern mittels Lötverfahren und allgemeine Schweißplattierung. Bevorzugtes Anwendungsgebiet dieser Art von Metallüberzügen, die man schon beinah Metallsonderkonstruktionen nennen kann, sind u. a. Reaktionsgefäße für die chemische Industrie, z. B. Doppelmantelgefäße aus kupferplattiertem Flußstahl, plattierte Bleche aller Art, denn Plattierungen sind sehr sparsam, an die Stelle der reinen Metalle, die man für ein bestimmtes Gefäß für chemische Reaktionen brauchen würde, tritt der Bruchteil des sonst erforderlichen wertvollen Werkstoffes. In der Praxis macht das unter Umständen tausende von Kilogramm aus, schon bei nur wenig zahlreichen Apparaturen.

Das Verfahren des Plattierens ist sehr umfangreich geworden, die Anforderungen der Industrie zwangen ganz einfach zu stürmischer Entwicklung. Baublechgüten, Baustahlblechgüten, Kesselblechgüten, rost- und säurebeständige Stähle, wasserstoffdiffusionssichere und hochverschleißfeste Stähle werden plattiert. Das Material dafür sind Kupfer, Nickel, Aluminium und dessen Legierungen, andere Legierungen von Kupfer und Nickel, Monelmetall, Nickelin usw. nebst zunderbeständigen und verschleißfesten Stählen in jeder Zusammenstellung. Die Seitenkantenplattierung ist von besonderer technischer Bedeutung geworden. Im ganzen führten die plattierten Werkstoffe zu völlig neuartigen konstruktiven und apparativen

Lösungen. Ohne diese Problemlösungen wäre ein guter Teil unserer Industrie überhaupt unmöglich und es ist hübsch, zu überdenken, daß die Nachfrage, um nicht zu sagen die Notwendigkeit, das Angebot erzeugte und nicht umgekehrt. Das ist darum eine gute Überlegung, weil sie zeigt, wie weit wir noch kommen können, weil wir diesen Weg gehen müssen.

158. Beim Verbundgußverfahren wird ein vorgewalzter Stahlblock mit dem Plattierungsmetall in der Kokille umgossen und der erzielte Verbundkörper dann ausgewalzt. Beispiele für Verbundgußverfahren: flüssiger weicher Stahl gegen festes Nickel oder festen Chrom–Nickel-Stahl, flüssiger harter Stahl gegen festen weichen Stahl, Lagermetall-Bleibronze, flüssiges Weißmetall gegen festen Stahl.

159. Die Walzschweißplattierung wird am meisten ausgeübt. Im Grunde genommen handelt es sich dabei um eine Preßschweißung, denn die zu plattierenden Metalle, kurz Platinen genannt, werden bei Schmiedetemperatur im Blechwalzwerk zusammen auf die gewünschte Abmessung heruntergewalzt. Oxydische Trennschichten, Staub und sonstige Verunreinigungen, auch der Zutritt von Luft zur Schweißfuge sind zu vermeiden. Der Vorgang führt zu einer Verzahnung von Schicht gegen Schicht mit vielen Wurzeln in den Korngrenzen bei teilweiser Ausbildung von Diffundierungen. Beim Aufbringen von Aluminium auf Stahlbänder kann man auch in der Kälte bei hohem Druck arbeiten, wenn die Fläche vorher durch Sandstrahlen aufgerauht wurde. Das ist dann eine rein mechanische Bindung. Alle Feinheiten der Verfahren zur Walzschweißplattierung liegen in der Temperatur, der möglichst vollständigen Berührung der Flächen, die vereinigt werden sollen, in Druck, Oberflächenbeschaffenheit und — wie stets bei der Oberflächenveredlung — in der metallischen Reinheit der Grenzflächen.

160. Diffusionsverfahren oder Lötverfahren heißt die Vereinigung mehrerer Lagen von Metall durch ein metallisches Bindemittel zwischen den Flächen, die vereinigt werden sollen, unter Anwendung von Wärme und/oder Druck. Eine Reihe von Umständen muß beachtet werden. Das Bindemittel darf nicht über 1400° C und nicht unter 1100° C schmelzen, sonst könnte man bei der üblichen Verarbeitungstemperatur von etwa 1100° C mangels Schmelzen der Zwischenschicht nichts erreichen. Im übrigen muß der fertig verbundene Körper den üblichen Bearbeitungsmethoden unterworfen werden können — Anlassen, Härten, Hämmern, Schmieden, Tempern, Walzen, Pressen u. a. Ein Beispiel für ein Verfahren dieser Art ist die Verbindung von Stählen mit beliebigem Kohlenstoffgehalt mit Schnelldrehstahl oder rostfreiem Stahl.

161. Schweißplattierung ist eine Auftragsschweißung mit einem edleren Metall. Der Überzug wird aber nicht immer vollkommen dicht, auch wenn das grobkörnige Schweißgefüge durch Hammerschläge in feinkörniges Schmiedegefüge umgewandelt wird.

Gut plattierte Bleche halten alle möglichen Beanspruchungen aus. Was damit erreicht werden kann, zeigen Dauerschwingungsversuche, Temperaturänderungen mit dem Ziel, das Metallgefüge zu verwerfen, Biege- und Verdrehungsproben. Plattierte Bleche lassen sich kalt und warm verarbeiten, man kann sie schneiden, abkanten, biegen, stanzen, börteln, flanschen usw., nur nieten und löten soll man möglichst nicht. Es ist verständlich, daß dadurch lokale Elemente gebildet werden, die zu Korrosionen führen. Konstruktiv werden plattierte Bleche am besten durch Gasschmelz- oder elektrisches Schweißen verbunden. Wir sagten es schon: plattierte Bleche verhalten sich wie das reine Metall. Beispiele sind vor allem Auskleiden und Beschlagen von Apparaturen in der chemischen und in der Lebensmittelindustrie. Es werden da Probleme fast spielend bewältigt, die früher überhaupt nicht zugänglich waren, sozusagen garnicht gingen. Wir nennen weiter als Beispiele die Baustoffkunde für das Baugewerbe, die Auto- und Fahrradindustrie (man mache in Gedanken einmal einen Querschnitt nur durch die letzten 10 Jahre) und alles, was als Zubehör oder Kleinmaterial heute aus plattierter Ware gefertigt wird.

Natürlich hat das Ganze eine fundierte theoretisch-physikalische Grundlage. Es sind immer wieder die *Fragen des Gefüges und der Haftfestigkeit*. Bezüglich aller dieser Grundlagen kann hier nur auf das Sonderschrifttum verwiesen werden.

162. Aufdrücken. Handwerksmäßig gehört zum Plattieren das *Aufkleben* oder *Aufdrücken* von sehr dünnen Metallblättchen, beispielsweise bei der Blattmetallvergoldung und Blattmetallversilberung mit echtem oder unechtem Blattgold, mit Blattkupfer, -aluminium und -zinn. Das sind vornehmlich Sonderheiten für Verzierungen. Dünnstes Blattgold von $^1/_{700}$ bis $^1/_{900}$ mm Dicke wird auf die rauh geätzten Metalloberflächen aufgelegt und mit Baumwollappen und Polierstein sorgfältig und fest angedrückt.

163. Das Anreiben mit Metallpulvern bildet den Übergang zur Herstellung von Metallüberzügen nach dem Spritzverfahren. Angerieben wird meistens nur ausbessernd bei Überzügen aus Edelmetall, große Flächen kann man so nicht überziehen. So wird z. B. Goldpulver mit einem Korken oder Lederlappen auf Kupfer oder Silber aufgerieben. Goldpulver kann man erhalten durch Verbrennen von mit Goldnitrat getränkten Leinwandlappen. Man reibt auf unter Anfeuchten mit Essig oder Salzwasser, aber die Vergoldung wird nur sehr dünn und wenig dauerhaft.

164. Metallspritzen[1]. Wir kommen jetzt zum Anreiben mit Metall unter ganz anderen Bedingungen, zu einem wohl ausgebildeten Verfahren dieser Art von größter technischer Bedeutung, dem *Metallspritzverfahren zum Zweck des Herstellens von metallischen Überzügen*. Das Verfahren ähnelt in seinen Merkmalen dem bekannten Farbspritzverfahren, muß natürlich dem Rohstoff angepaßt werden, denn um Lacke usw., deren Zähflüssigkeit mit Lösungsmitteln nahezu beliebig eingestellt werden kann und dann den erreichten Wert behält, handelt es sich nicht. Wohl schmelzt und zerstäubt eine Spritzpistole das Metall und zwar mittels eines Gemisches brennbarer Gase, wie Azetylen, Wasserstoff, Leuchtgas oder Propan mit Sauerstoff. Man kann auch elektrisch beheizen. Das in der Düse noch geschmolzene Metall ist aber beim Auftreffen auf den Gegenstand bereits erstarrt. Es ist dann aber noch warm und verformbar und darin liegt es, daß die Sache überhaupt geht. Man hat auf diese Weise auf der Oberfläche des Werkstückes, die etwa mittelfein aufgerauht werden muß, noch einen plastischen Metallstaub, der ohne Legierungsbildung haftet. Das Überzugsmetall wird in Drahtform hergestellt, anwendbar sind alle Metalle mit einem Schmelzpunkt bis etwa 1600° C, vorzugsweise Zink, Aluminium, Blei, Zinn, Kupfer, Messing, Bronze, Eisen und Nickel. Eine vortreffliche Oberflächenvorbereitung ist das Phosphatieren, von dem wir bereits gesprochen haben. Das Verfahren ist die Erfindung, um nicht zu sagen ein Teil der Lebensarbeit des Schweizers SCHOOP und wer Metallspritzverfahren sagt, sagt zugleich auch SCHOOPsches Verfahren.

165. Gespritzt wird mit Spritzpistolen, die das Schmelzgut in Form von Drähten, Bändern oder Pulvern verarbeiten. Es gab anfänglich auch Schmelztiegelapparate. Man muß in der Zeiteinheit genügend Schmelzgut aufbringen, und so kommt es, daß sich in Abhängigkeit von einer der konstruierbaren Wärmequellen Metalldraht in einer Stärke von 1—3 mm am besten bewährt hat. Das ist die Draht-

[1] Vgl. Werkstattbuch Heft 93: KREKELER/STEINEMER, Metallspritzen.

spritzpistole, mit Knallgas oder einem kleinen elektrischen Lichtbogen beheizt. Die Gase mischt man in bekannter Weise erst kurz vor der Brennstelle im Düsenkopf. Der Draht wird mit Hilfe einer auswechselbaren Zahnradübersetzung und eines Luftstroms durch das Düsensystem geschoben. Alle Sonderausführungen entsprechen der Größe der mit Metall zu überziehenden Flächen und dementsprechend dem Aufwand an Metall und Wärme. Beispiele: man verspritzt bis zu etwa 25 kg Blei oder Zinn je Stunde oder 10 kg Zink, 2,5 kg Stahl oder 5 kg Kupfer in derselben Zeit. Ein Quadratmeter Fläche erfordert einschließlich sandstrahlender Vorbereitung 15 bis 20 Minuten Zeitaufwand. Das ist also nicht viel. Gelenkt werden muß die Spritzentfernung und die Geschwindigkeit der Metallteilchen. Sie betragen nach den praktischen Erfahrungen 50—250 mm und 100—200 m/sec. Ein Kompressor mit 2,5—5 atü genügt für Sandstrahlen und Metallspritzen zusammen. Sondererscheinungen sind Staub und Metallverlust, die bei den anderen Verfahren nicht auftreten. Beide werden von gesonderten Ansaugvorrichtungen aufgenommen. Der Metallverlust schwankt zwischen 15 und 33%, ist also zunächst hoch, Wiedergewinnung daher unbedingt erforderlich. Kleinere Gegenstände werden in umlaufenden Trommeln gesandet und dann gespritzt.

Knallgasgemische erfordern besondere, sichernde Konstruktionen.

166. Porosität der gespritzten Schicht. Beim Spritzen wird das bespritzte Werkstück erwärmt. Das ist günstig, denn die aufgespritzten Teilchen behalten länger ihre Plastizität und gleichen kleine Unebenheiten besser aus. Es wird demnach aber auch klar, daß mit zunehmender Spritzentfernung die Haftfestigkeit schnell abnehmen muß. Legierte Zwischenschichten entstehen beim Spritzverfahren nach der geschilderten Methode nur dann, wenn eine thermische Nachbehandlung erfolgt. Andernfalls hat man ein nicht homogenes Gefüge von stark verformten und ineinander gepreßten Metallteilchen, also einen porös bleibenden Überzug, dessen Beschaffenheit von der Größe der Metallteilchen und der Dichte ihrer Schichtung abhängt. Beide Größen müssen gesteuert werden. Mit Oxydeinschlüssen ist zu rechnen. Die Überzüge sind *verhältnismäßig hart und spröde.* Es wird klar, daß man ohne eine besondere Nachbehandlung in spritzmetallisierten Behältern keine chemischen Reaktionen bei Siedetemperatur vornehmen kann, Flüssigkeit und Dämpfe würden die lediglich spritzmetallisierte Schicht abheben und zerstören. Feurig-flüssige Verfahren erzielen im allgemeinen besseren Schutz gegen Korrosion als einfaches Spritzmetallisieren, man muß also dementsprechend arbeiten und die Porosität spritzmetallisierter Schichten in dem Sinn ermitteln, ob sie für den zu erreichenden Zweck genügt. Gegenüber reinem Metall liegen die spezifischen Gewichte von gespritztem Metall durchweg niedriger, also muß darauf geschlossen werden, daß gespritzte Überzüge sehr porös sein können. Insofern kommen mechanische, thermische und auch chemische Nachbehandlungen in Frage. Das einfachste ist Überschleifen, Pressen, Nachwalzen, Behandlung mit rotierenden Stahldrahtbürsten und Polieren, nur darf man nicht so stark angreifen, daß der Überzug abblättert statt verfestigt zu werden. Bei niedrig schmelzenden Metallüberzügen ist thermische Nachbehandlung besser. Im übrigen kommt als chemische Nachbehandlung, ebenso wie bei Phosphatschichten, der *Schutzanstrich* in Frage. Dazu nimmt man pigmentfreie Lacke aus Natur- oder Kunstharzen. Dadurch werden die Poren ausgefüllt und wenn es auch kaum möglich sein dürfte, eine plastische Zwischenschicht auszubilden, so gelingt es doch, spritzmetallisierte Überzüge durch Lackieren erheblich elastischer zu machen, so etwa, daß sie dann durchgeschliffen werden können, ohne zu splittern.

167. Das Spritzmetallisieren ist das gegebene Verfahren bei großen fertigen Konstruktionen, Brücken, großen Kesseln usw., an die man anders nicht heran kann, also nicht thermisch oder galvanisch. Die gegebenen Metalle sind Zink, Aluminium und Blei. Es sind da eben strukturelle Grenzen, die man nicht überschreiten kann, aber das Spritzmetallisieren hat sich *bewährt* und ist *nicht mehr zu entbehren.* Handhabung und Kosten sind im Grunde mit allem Drum und Dran einer Behandlung ähnlich wie für einen Handanstrich. Wie so oft in der Technik, haben sich dann beim Spritzmetallisieren noch ein paar Randgebiete und Kunstgriffe herausgebildet, an die ursprünglich niemand gedacht hat. So kann man Löcher und Lunker in Gußstücken mit dem Spritzapparat ausfüllen, einerlei, um welches Material es sich handelt. Ausgelaufene Wellen und Lager kann man aufspritzen und zwar mit Eisen oder Stahl, und kann dann auf der Drehbank oder der Schleifmaschine weiterarbeiten. Und noch ein Vorteil liegt in dem Verfahren: keine großen Bäder, keine großen Wärmequellen, keine Männer am feurigen Ofen. Ein Kompressor, eine Gasflasche, etwas Metalldraht, mehr ist nicht erforderlich. Braucht man die Sache nicht mehr, liegt sie in einer Minute wieder still.

C. Elektrische Verfahren.

Bei den elektrochemischen Verfahren liegt das Schwergewicht bei der Galvanotechnik. Es liegt in ihr unheimlich viel Theorie, aber man sieht sie einer Werkstatt nicht mehr an. Etwas harmloseres als eine Chromierungsanstalt, die fix und fertig ab Lieferwerk erstellt wird, kann es kaum geben.

Galvanotechnik ist die Herstellung von Metallüberzügen auf galvanischem Weg unter Anwendung einer äußeren Stromquelle.

Vorher müssen wir von drei anderen, ebenfalls elektrochemischen Verfahren sprechen, die einer äußeren Stromquelle nicht bedürfen. Es handelt sich um das Tauch-, Ansiede- und Kontaktverfahren. Wir stellen das am besten gleich in Beispielen dar.

168. Tauchen, Sud, Kontakt. Metalle können aus den Lösungen ihrer Verbindungen auch ohne Zuhilfenahme einer elektrischen Stromquelle abgeschieden werden, nämlich durch *Einwirkung unedlerer Metalle.* Je edler ein Metall ist, um so schwerer ist es in chemische Verbindungen umzuwandeln, und um so leichter ist es aus seinen Verbindungen abzuscheiden. Je unedler ein Metall ist, um so stärker ist seine Neigung, lösliche Verbindungen zu bilden, oder, wie man auch sagt: um so größer ist sein *Lösungsdruck.* Ordnet man die wichtigsten Metalle nach abnehmendem Lösungsdruck, so ergibt sich folgende Reihenfolge:

Aluminium, Zink, Eisen, Nickel, Zinn, Blei, Kupfer, Silber, Gold.

Sie bedeuten also, daß jedes Metall dieser Reihe befähigt ist, die hinter ihm folgenden aus ihren Verbindungen abzuscheiden. Bringt man z. B. Eisenpulver in eine Lösung von Kupfervitriol, so wandelt sich das Eisen in lösliches Eisenvitriol um, während das Kupfer pulverförmig ausgeschieden wird. Bringt man das Eisen in kompakter Form (z. B. als Blech oder Stab) in die Lösung des Kupfervitriols, so spielen sich diese Vorgänge nur an der Oberfläche des Eisenstückes ab, indem die alleräußerste Eisenschicht als Eisenvitriol gelöst wird, während eine hauchdünne Kupferschicht den eisernen Gegenstand überzieht. Auf diese Weise kann also jede Ware mit einer anderen edleren Metallhaut durch einfaches Eintauchen in eine geeignete Lösung versehen werden. Man nennt einen solchen Vorgang *Tauchverfahren*; wird er mit heißen Lösungen durchgeführt, so spricht man von *Ansieden,* und wenn die Lösung auf die Ware aufgerieben oder aufgestrichen wird, von *Aufreiben* oder *Aufstreichen* (z. B. Streichverkupferung).

Ein Nachteil dieser Arbeitsweise liegt darin, daß nur hauchdünne Überzüge erhalten werden, die infolge mangelnder Widerstandsfähigkeit sehr minderwertig sind, trotzdem aber für manche Zwecke (z. B. als Hilfs- oder Zwischenschicht) ausreichen können.

Wesentlich bessere Ergebnisse werden erzielt, wenn man die Ware innerhalb der Lösung mit einem Draht aus unedlerem Metall (z. B. Zink, Magnesium, Aluminium) in Berührung bringt (*Kontaktverfahren*). Die günstige Wirkung einer solchen Anordnung erklärt sich daraus, daß durch die Berührung zweier Metalle untereinander und mit einem Elektrolyten (hier der Lösung) immer ein galvanisches Element entsteht, d. h. ein Apparat, in dem durch chemische Vorgänge ein elektrischer Strom entsteht. Die Pole des Elementes sind die beiden Metalle, und zwar wird das edlere (also die Ware bzw. das auf ihr niedergeschlagene Metall) zur Kathode und das unedlere (also der Draht) zur Anode. Die in der Lösung enthaltenen Metallionen werden durch den Strom der Kathode zugeführt und dort niedergeschlagen. Die Schicht des Überzugsmetalls muß also stärker werden, allerdings nicht gleichmäßig auf der ganzen Warenoberfläche, sondern vorzugsweise nur in einem kleineren Umkreis um die Berührungsstelle. Notwendig ist es daher, daß man die Berührungsstelle wechselt, und ferner, daß man den Hilfsdraht, sobald auch er sich mit dem Überzugsmetall überzogen hat, durch kurzes Eintauchen in verdünnte Salpetersäure immer wieder blank ätzt. Da Aluminium durch Salpetersäure nicht zerstört wird, wird es dem leicht angreifbaren Zink und Magnesium vorgezogen.

Auch die nach dem Kontaktverfahren erzeugten Metallüberzüge genügen nur bescheidenen Ansprüchen und können an Schönheit und Haltbarkeit nicht wetteifern mit den durch äußere Stromarbeit erhaltenen. Allen diesen Verfahren haftet ferner der Nachteil an, daß sich die Zusammensetzung der Lösung ständig verändert.

169. Verkupferung. a) Hauchdünne Verkupferung auf Eisen und Stahl erzielt man durch kurzes Eintauchen in folgendes Bad: 5—10 g Kupfervitriol, 5—10 g Schwefelsäure, 1 l Wasser. Bei längerem oder zu häufigem Eintauchen bleibt die Verkupferung nicht haften.

Stahlfedern, Nadeln, Ösen, Nägel u. dgl. werden verkupfert, indem man dieses Bad auf das Zwei- bis Dreifache verdünnt, Sägespäne oder Kleie damit befeuchtet und mit dieser die Ware in eine hölzerne, umlaufende Scheuertrommel einträgt.

b) Die Verkupferung von großen Zinkflächen kann durch Anstreichen mit einer Lösung aus 200 g Kupfervitriol, 1 l Wasser und 400 g Salmiakgeist (10proz.) erfolgen; die Lösung wird auf das fettfrei gemachte Blech mit kräftigem Pinsel aufgetragen, worauf mit Wasser nachgespült wird.

c) 150 g Seignettesalz (weinsaures Kaliumnatrium), 80 g Ätznatron (60%) werden in 400 cm³ Wasser gelöst, desgleichen in anderen 400 cm³ Wasser 30 g Kupfervitriol. Beide Lösungen werden vereinigt und auf 1 l verdünnt. Zink verkupfert sich in diesem Bade direkt, andere Metalle mit Zinkkontakt, besser noch mit Aluminium- oder Magnesiumkontakt.

170. Vermessingung. Autovoltmessingbad DRP. 128 319 (erloschen). 15 g Ätznatron, 12,5 g Zyankalium, 10 g Zinkvitriol, 4 g Kupfervitriol, 1 l Wasser. Die 12,5 g Zyankalium können auch ersetzt werden durch 8 g Zyankalium + 4 g Pottasche. Die Lösung kann auch heiß angewendet werden und arbeitet gut mit Aluminiumkontakt.

171. Vernicklung. a) 100 g Nickelvitriol, 250 g Chlorammmonium, 1 l Wasser werden zum Kochen erhitzt und die Waren (Kupfer oder Messing) mit Eisenfeilspänen, Zink oder Aluminium im Kontakt eingetaucht.

b) Kleine Gegenstände aus Kupfer oder Messing werden in einer Lösung aus 20 g Nickelammonsulfat und 10 g Zinkchlorid in 1 l Wasser unter Zusatz von Zinkgranalien etwa 10 min lang gekocht.

c) Ein Bad aus 13 g Nickelchlorür, 235 g Natriumphosphat, 20 g Ammoniumchlorid, 8 g Natriumkarbonat, 8 g Ammoniumkarbonat in 1 l Wasser wird mit Aluminium- oder Magnesiumkontakt angewandt.

172. Verzinkung von Kupfer und Messing. Eine Lösung von 200 g Ätznatron in 1 l Wasser wird mit Zinkstaub einige Zeit im Kochen gehalten, worauf die Ware eingebracht wird. Der Zinkstaub muß in genügender Menge vorhanden sein, so daß ein Teil davon durch Auflösung das alkalische Zinkbad bildet und der übrige, ungelöste Anteil als Kontaktsubstanz wirkt.

173. Verzinnung. a) Bad nach ROSELEUR für Messing, Kupfer, Eisen und Zink: 15 g Ammoniakalaun, 2,5 g Zinnchlorür, geschmolzen, 1 l Wasser. Das Bad wird kochend angewandt.

b) *Weißsud für Messing* (vorzugsweise für Haken, Ösen, Stecknadeln). Eine Lösung von 40—50 g Weinstein in 1 l Wasser wird mit granuliertem Zinn, Stanniol od. dgl., die vorher durch Behandeln mit Lauge sorgfältig entfettet worden sind, etwa $^1/_2$—1 h gekocht unter Ersatz des verdampfenden Wassers. Dann bringt man die zu verzinnenden Waren ein und setzt das Kochen fort, bis ein gleichmäßiger Zinnüberzug entstanden ist. Wichtig ist, daß eine genügende Menge von Zinngranalien in der Ware verteilt ist, die als Kontaktmetall dienen. Statt reinen Zinns können auch Legierungen aus Zinn mit 2—5% Kupfer verwendet werden. Man kann auch von vornherein von einer Lösung aus 10 g Weinstein, 1 g Zinnchlorür in 1 l Wasser ausgehen und das heiße Bad mit Zinngranalien und der Ware beschicken. Beginnt es träger zu arbeiten, so setze man 5—10 g Zinnsalz je Liter hinzu.

c) *Zinnsud mit Zinkkontakt* nach HILLER: 30 g Zinnchlorür krist., 60 g Ätznatron, 1 l Wasser. Das Zinnchlorür und das Ätznatron werden für sich in je $^1/_2$ l Wasser gelöst; sobald die Ätznatronlösung erkaltet ist, wird die Zinnlösung in sie hineingegossen. In die Flüssigkeit werden Zinnabfälle eingetragen und die zu verzinnenden Waren eingebracht, worauf zum Kochen erhitzt wird. Rührt man nun mit einem Zinkstab um, so entsteht augenblicklich die Verzinnung.

174. Die galvanischen Metallniederschläge werden *mit Stromzufuhr von außen* aus wässerigen Lösungen von Metallverbindungen erzeugt, ein Vorgang, der als *Elektrolyse* bezeichnet wird. Die Lösung selbst heißt *Elektrolyt* oder kurz *Bad*; die beiden mit den Polen der Stromquelle verbundenen Platten, durch die der Strom dem Elektrolyten zugeführt wird, sind die *Elektroden*, und zwar wird die mit dem Pluspol verbundene als *Anode* (+), die mit dem Minuspol verbundene als *Kathode* (—) bezeichnet. Die Wirkung des Stromes auf den Elektrolyten beruht darin, daß die in den gelösten Stoffen enthaltenen Metallteilchen zur Kathode geführt und auf ihr niedergeschlagen werden; wegen ihrer Wanderung zur Kathode nennt man sie auch *Kationen*. Die übrigbleibenden Bestandteile der gelösten Metallverbindungen, auch als „Säurerest" bezeichnet, wandern zur Anode und heißen deshalb *Anionen*. Die gemeinsame Bezeichnung beider ist *Ionen*. Ähnlich den Metallverbindungen verhalten sich auch die *Säuren*, die oft den Bädern zugefügt werden müssen; sie bestehen aus chemischen Verbindungen eines Säurerestes mit Wasserstoff und verhalten sich gegenüber dem elektrischen Strom ganz ebenso wie die Metallverbindungen, d. h. ihr Säurerest wandert zur Anode, der Wasserstoff zur Kathode und scheidet sich hier als farbloses Gas ab. Auch das *Wasser* selbst kann durch die Wirkung des Stromes zersetzt werden; es zerfällt dann in Wasserstoff an der Kathode und Sauerstoff an der Anode, die beide als farblose Gase entweichen.

Will man durch Elektrolyse einen Metallgegenstand mit einem anderen Metall überziehen („galvanisieren"), so wird die Ware als Kathode in den Elektrolyten eingehängt. Damit sich die Metallabscheidung gleichmäßig an der ganzen Oberfläche abspielt, muß dafür gesorgt werden, daß der Abstand zwischen den beiden Elektroden möglichst gleichmäßig ist. Bei stark profilierten Gegenständen wird sich diese Forderung nur schwer oder garnicht erfüllen lassen. Besteht die Anode aus unangreifbarem Stoff („unlösliche Anode"), so erleidet das Bad durch die Elektrolyse eine ständige Veränderung der Zusammensetzung, vor allem eine Verarmung an gelöstem Metall. Besteht dagegen die Anode aus demselben Metall, das kathodisch niedergeschlagen wird („lösliche Anode"), so kann erreicht werden, daß das Anodenmetall annähernd im gleichen Maße sich im Bade auflöst, wie das gelöste Metall an der Kathode ausgeschieden wird; der Elektrolyt behält in solchem Falle wenigstens für geraume Zeit dieselbe Zusammensetzung.

Zur Erzielung guter Niederschläge muß zwischen Anode und Kathode eine gewisse elektrische Spannung mit Hilfe des dem Bade vorgeschalteten Regelwiderstandes hergestellt werden, die *Badspannung*, die nachfolgend für 10 cm Elektrodenabstand angegeben wird; bei größerem Abstand ist sie größer. Zu Beginn des Prozesses, bis die Ware mit Niederschlagsmetall bedeckt ist, muß sie namentlich bei leicht löslichen Metallen größer genommen werden; man nennt diese höhere Anfangsspannung *Deckspannung*. Der Spannungsmesser (Voltmeter) ist in Nebenschluß zum Bade zu legen, d. h. eine Klemme mit der Warenstange, die andere mit der Anodenstange zu verbinden. Der Stromstärkemesser (Amperemeter) ist in Hintereinanderschaltung mit dem Bade zu bringen. Die Stromstärke ist nachfolgend je Quadratdezimeter, also 100 cm^2, Warenfläche gegeben; man nennt diesen Wert die *Stromdichte*. Die Reaktion der Bäder prüft man gewöhnlich mit Lackmuspapier, das durch Säuren rot, durch Alkalien blau gefärbt wird.

Die Waren müssen vor dem Galvanisieren an der Oberfläche besonders sorgfältig gereinigt sein, da sonst das Metall an den unreinen Stellen garnicht abgeschieden wird oder nicht fest genug haftet. Die Waren sind nach dieser Vorbehandlung, ebenso wenn man sie nach der Galvanisierung aus dem Bade herausnimmt, sorgfältig mit viel reinem Wasser zu spülen. Zweckmäßig spült man zuletzt in heißem Wasser, um das Trocknen zu beschleunigen. Man trocknet dann noch in warmen Sägespänen aus harz- und gerbsäurefreiem Holze und bringt die Teile unter Umständen noch in den Trockenschrank.

Die Waren müssen ausreichenden Kontakt mit der Warenstange haben, d. h. es müssen überall ausreichende Berührungsstellen für den Stromdurchgang vorhanden sein. Die Bäder dürfen nicht zu kalt sein. Stromlos dürfen die Waren nicht im Bade hängen, da sie sich in den meisten Bädern lösen und das Bad verunreinigen. Auch sonst sind die Bäder vor Verunreinigungen zu schützen; zum Ansetzen der Bäder sind nur reine Chemikalien zu verwenden.

Die galvanischen Metallüberzüge besitzen vor den auf feuerflüssigem Wege erzeugten mancherlei *Vorteile*: sie sind schon bei gewöhnlicher oder nur mäßig erhöhter Temperatur erhältlich, so daß Gefügeänderungen innerhalb der Ware nicht eintreten können; die Bäder sind billiger und leichter zu handhaben als bei der Feuermetallisierung; bei richtiger Herstellung haften die Überzüge fest, so daß sie auch bei mechanischer Nachbehandlung nicht abblättern; sie sind dünner bzw. in der Stärke leichter regelbar als die feuerflüssigen Überzüge. Den Vorteilen stehen freilich auch *Nachteile* gegenüber, z. B. die Notwendigkeit sorgfältigster Arbeitsweise, die Schwierigkeit, auf stark profilierter Ware einen gleichmäßigen Niederschlag zu erzeugen.

Starke Förderung hat die Anwendung der Galvanotechnik erfahren durch die Konstruktion von Apparaten zur bequemen und billigen Galvanisierung von Massenartikeln; es seien erwähnt die Trommel-, Schaukel-, Glockenapparate, sowie die Wanderbäder der Langbein-Pfanhauser-Werke, durch die das Arbeitsgut mit Hilfe einer endlosen Kette mit gleichmäßiger Geschwindigkeit hindurchgeführt und dabei mit einer gleichmäßigen Metallauflage versehen wird.

175. Zur Verkupferung geeignet sind sowohl *neutrale* wie *saure* und *alkalische* (zyankalische) Bäder. Die sauren werden vorzugsweise in der Galvanoplastik zur Herstellung von Klischees benutzt. Für die Zwecke der Oberflächenveredlung werden meist zyankalische Bäder angewandt. Sie haben den Vorzug, auf die Oberfläche des Grundmetalls noch reinigend zu wirken, und liefern festhaftende Kupferüberzüge von höchster Feinheit des Korns, die wegen der selten hohen Streukraft des Bades das Grundmetall in besonders gleichmäßiger Schicht bedecken. Die Verkupferung dient gewöhnlich als Grundlage zur Ausführung chemischer Metallfärbungen (vgl. Nr. 84 und folgende); doch wird sie auch als Unterlage bei Vernicklungen angewandt, um z. B. das Haften des Nickels auf Eisen, Zinn, Zink, Blei zu verbessern (vgl. auch Nr. 180ff.).

176. Saures Kupferbad (Plastikbad, auch zum Verkupfern schwer löslicher Metalle und zum Verstärken von Niederschlägen aus dem zyankalischen Bade verwendet). 20 kg Kupfervitriol, krist. eisenfrei, in 100 l Wasser gelöst, 2—8 kg (im Mittel 3 kg) Schwefelsäure, arsenfrei, 94%. Badspannung 0,5—1,5 Volt, Stromdichte bei ruhenden Bädern 1—2 A/dm^2, bei bewegten Bädern 2—3 A/dm^2.

177. Zyankalische Kupferbäder. Ein Bad mittlerer Zusammensetzung enthält z. B. 5 kg Kupferzyanür, 2 kg Zyankalium (oder 1,5 kg Zyannatrium), 4 kg Natriumkarbonat (wasserfrei) in 100 l Wasser. Stromdichte 0,3—0,75 A/dm^2 bei 18—25°; bei 35—40° kann die Stromdichte auf 0,5—1 A/dm^2 erhöht werden. Anoden aus reinem Elektrolytkupfer und größer als die Kathoden. Das Bad muß im Gebrauch farblos bis weingelb bleiben. Wird es blau oder bedecken sich die Anoden mit einem grünlichen Schlamm, so fehlt es an Zyankalium.

178. Am besten verwendet man das *käufliche Zyankupferkalium,* und zwar nach Pfanhauser wie folgt: Man löst 1 kg kohlensaures Natrium, kalziniert, 2 kg schwefelsaures Natrium, kalziniert, in 24 l warmem Wasser (50°). Hierauf fügt man langsam unter Umrühren die Lösung von 2 kg doppeltschwefligsaurem Natrium in 10 l warmem Wasser zu; endlich gibt man zum Ganzen noch 3 kg Zyankupferkalium und 0,1 kg Zyankalium (98—100%), in 15 l Wasser von 50° gelöst, hinzu und rührt um, bis die Lösung klar ist. Die erforderliche Spannung ist bei 10 cm Elektrodenentfernung für Eisen = 2,5 V, für Zink = 3 V, die Stromdichte = 0,3 A. Der Zusatz von schwefligsaurem Natrium vermindert die Schlammbildung an der Anode.

179. Sehr empfehlenswert ist auch die Verwendung *fertiger* Badesalze, z. B. der sog. *Tripelsalze* oder *Trisalyte* für Verkupferung, in denen Zyankupfer mit den erforderlichen Mengen von Zyankalium und schwefligsaurem Salz bereits gemischt ist.

180. Nickelbäder werden meist unter Zusatz schwacher Säuren angewandt, namentlich der Borsäure, weil die mit ihrer Hilfe gewonnenen Vernicklungen reinweiß erscheinen. Oft setzt man Sulfate (Natriumsulfat, Ammoniumsulfat, Magnesiumsulfat) hinzu, um das Leitvermögen und die Streukraft zu erhöhen. Ein Zusatz von Chloriden hat hauptsächlich den Zweck, die Auflösung der Anoden zu erleichtern.

Bei der Elektrolyse der schwachsauren Nickelbäder scheidet sich mit dem Metall auch Wasserstoff ab, der zum Teil in dem Nickel verbleibt und es hart und weniger geschmeidig macht. Durch verschiedene Höhe des Gasgehalts in den einzelnen Schichten des Niederschlags entstehen Spannungen, die ein Abblättern des Belages bewirken können, sobald seine Dicke über 0,01 mm hinausgeht. Noch stärker wird die Neigung zum Abblättern, wenn mit neutralen oder gar alkalischen Lösungen gearbeitet wird oder ein Eisengehalt hineingelangt. Denn dann kommt es leicht zur Abscheidung basischer Salze, die in den Niederschlag hineinwachsen, Wasserstoffbläschen einschließen und so die Spannungen erhöhen. Schädlich ist auch die Anwesenheit von Kupfer oder Zink, da sie den Nickelniederschlag mißfarbig machen.

Meist dient die Vernicklung dazu, das Grundmetall nicht nur zu decken, sondern auch vor Korrosion zu schützen. Es ist zu beachten, daß Nickelauflagen, die nur eben polierfähig sind, einen solchen Schutz nicht gewährleisten, sondern wegen ihrer Porosität und des edleren Charakters des Nickels die Korrosion des Grundmetalls beschleunigen. Wirklich deckende Nickelschichten müssen etwa 0,025 mm stark sein. Statt ihrer werden oft Kupfer–Nickel- oder Nickel–Kupfer–Nickel-Schichten hergestellt, indem man im 1. Fall im Zyanidbad schwach verkupfert, im 2. Fall die Kupferschicht oft auch aus sauren Bädern fällt.

Zur Erzielung solider, festhaftender Auflagen ist sorgfältigste Vorbereitung der Oberfläche des Grundmetalls notwendig, ein reines, möglichst gleichmäßig arbeitendes Nickelbad und Anoden aus Reinnickel, die an Nickelblechstreifen eingehängt werden. Durch Erhöhung der Badtemperatur wird die Auflösung der Anoden begünstigt, außerdem nimmt die Härte der Nickelschicht ab und ihre Geschmeidigkeit und Haftfestigkeit zu. Im gleichen Sinne wirkt Erhöhung der Stromstärke. Der Bildung basischer Salze wird entgegengearbeitet durch Zusatz organischer Säuren (Essigsäure, Zitronensäure) oder ihrer Salze; doch muß der Säuregehalt der Nickelbäder sorgfältig überwacht werden, zumal es bei zu langsamer Auflösung der Anoden zur Bildung von Schwefelsäure kommt.

181. Bad für solide Vernicklung von Eisen und Stahl, Kupfer und Kupferlegierungen, besonders für geschliffene Waren. 7 kg Nickeloxydulammonsulfat (meist kurz Nickelsalz genannt), 2 kg Ammoniumsulfat, 0,5 kg Zitronensäure, 100 l Wasser. Die Salze werden heiß aufgelöst, überschüssige Säure mit Ammoniak vorsichtig neutralisiert (bis blaues Lackmuspapier eben nicht mehr rot gefärbt wird), dann die Zitronensäure zugesetzt, worauf das Bad wieder ganz schwach sauer reagiert. Badspannung 2—2,2 V, Stromdichte 0,34 A/dm^2. Man verwendet zur Hälfte gegossene, zur Hälfte gewalzte Anoden.

182. Bad für weiche Niederschläge, die nicht leicht abblättern, für chirurgische Instrumente, Messer, Schlittschuhe usw.:

6,8 kg Nickelvitriol, 2,4 kg Magnesiumsulfat, 0,8 kg Chlorammonium, 0,2 kg Borsäure, 100 l Wasser oder

4 kg Nickelvitriol, 3,5 kg zitronensaures Natrium, 0,1 kg Borsäure, 100 l Wasser.

183. Schnellvernicklung. 24 kg Nickelvitriol, 2 kg Nickelchlorür, 24 kg Glaubersalz, 3 kg Borsäure, 100 l Wasser oder

40 kg Nickelvitriol, 3 kg Kaliumchlorid, 24 kg Glaubersalz, evtl. 1—4 kg zitronensaures Natrium, 3 kg Borsäure, 7 g Kadmiumchlorid (als Glanzzusatz), 100 l Wasser.

Man arbeitet bei 50—75° mit 3—4 A/dm^2 im unbewegten Bade und mit etwa 5—8 A/dm^2 im bewegten Bade.

184. Schwarznickelbad. 8 kg Nickelsulfat, 2,4 kg Ammoniumsulfat, 2,8 kg Zinksulfat, 1,5 kg Rhodanammonium, 0,2 kg Zitronensäure, 100 l Wasser. Die Waren werden in einem gewöhnlichen Nickelbade schwach vernickelt und dann bei niedriger Spannung etwa 1 h in das Schwarznickelbad gehängt. Bei Eisen und Stahl, Messing und Kupfer empfiehlt sich eine vorhergehende leichte Verzinkung. Temperatur nicht unter 18°. Gußanoden oder Kohleanoden; Badspannung 0,8—1 V. Um tiefes Schwarz zu erzielen, wird empfohlen, die Waren in einer Lösung von 800 g Eisenchlorid in 10 l Wasser, die mit 62 g Salzsäure angesäuert ist, abzuspülen. Wenn man mit Kohleanoden arbeitet, wird das Bad leicht sauer und muß durch Zufügen von kohlensaurem Nickel wieder auf neutrale bzw. ganz schwach saure Reaktion gebracht werden. Die Niederschläge werden meist noch zaponiert oder lackiert.

185. Vernicklung von Aluminium. Sie gelingt nach WOGRINZ in einem hochglyzerinhaltigen Bade, wie es z. B. von den Langbein-Pfanhauser-Werken unter dem Namen „Wal“ in den Handel gebracht wird. Es arbeitet bei 18—20° mit einer Stromdichte von 0,5 A/dm^2 und 2—3 V Badspannung und liefert schon nach $^1/_2$—1 stündiger Dauer einen weißen, leicht polierfähigen Nickelüberzug. Soll später eine Verkupferung oder Vermessingung in zyankalischen oder weinsaure Salze enthaltenden Bädern erfolgen, so ist die Vorvernicklung besonders stark zu wählen, damit sie genügend dicht ist, um das Eindringen der Badflüssigkeit zu verhindern.

Mit dem *Nigrosinbad* der Langbein-Pfanhauser-Werke lassen sich auch *Schwarzvernicklungen* unmittelbar auf Aluminium erzeugen.

186. Entnickeln. Ein neuer Nickelniederschlag haftet nicht auf einem alten; man muß deshalb, bevor man neu vernickelt, alte schadhafte Niederschläge entfernen. Eine mißlungene Vernicklung wird am besten durch Abschleifen mit Schmirgel entfernt. WATT und ELMORE schlagen vor, die Waren in heißes Wasser und dann eine halbe Stunde unter Bewegen in folgendes Säuregemisch zu tauchen: 4 l Schwefelsäure 94%, 500 g Salpetersäure 60%, 50 g salpetersaures Kalium, 500 g Wasser.

Zum Entnickeln mit Strom kann man die Ware als Anode bei 2—6 V Spannung und 75—100° Temperatur in Schwefelsäure von 80% behandeln, wobei sich das Nickel auf der Kathode pulverförmig abscheidet; auch in einer Lösung von Natriumnitrat mit weniger als 2 V Spannung und Kohleplatten als Kathoden läßt sich das Nickel anodisch von Eisenwaren ablösen; es wird dabei durch das sich bildende Ätznatron als Nickelhydroxyd gefällt (DRP. 100975, erloschen).

Gelingt die Entfernung der alten Vernicklung nicht vollständig; so verkupfert oder vermessingt man, ehe man neu vernickelt.

187. Entfernen von Eisen aus dem Nickelbade. In Nickelbädern, in denen man Eisen vernickelt, löst sich dieses nach und nach in unzulässigen Mengen auf. Man macht solche Bäder durch Zusatz von Natriumkarbonat- (Soda-) Lösung oder Ammoniak neutral und erhitzt unter Aufrechterhaltung der neutralen bzw. ganz schwach alkalischen Reaktion zum Sieden, worauf man das Eisen mit Ammoniumpersulfat ausfällt. Das Bad wird nach Entfernung des Niederschlages durch vorsichtigen Zusatz von Säure wieder auf schwachsaure Reaktion gebracht.

188. Bei Messingbädern sind die Wannen nicht zu klein zu nehmen; das Bad ist öfter umzurühren und zweckmäßig etwas zu erwärmen (30—40°), weil dadurch der Niederschlag geschmeidiger und leichter polierbar wird, ohne abzuplatzen. Ferner ist für guten Kontakt zu sorgen und der Stromregulierung, von der die Farbe des Niederschlags abhängt, besondere Aufmerksamkeit zu widmen. Steigt die Stromdichte von 0,1—1 A/dm^2, so geht die Farbe von Gelbrot über Gelb nach

Grüngelb über. Der Farbton hängt aber auch vom Metallgehalt des Bades ab; ist er bei richtigen Stromverhältnissen zu rötlich, so fehlt es an Zink, ist er zu licht oder grünlich, so fehlt es an Kupfer. Für Waren mit stärkeren Profilierungen muß der Elektrodenabstand größer gewählt werden, weil sonst an den Stellen größeren und geringeren Abstandes von der Anode verschiedene Färbungen auftreten. Auch der Gehalt an Zyankalium darf weder zu hoch, noch zu niedrig sein. Im 1. Fall sind die Anoden blank, und an der Ware entsteht trotz lebhafter Gasentwicklung nur ein unschöner, schlecht haftender Belag; hier hilft ein Zusatz von Zyankupfer und Zyanzink. Im 2. Fall wird der Niederschlag rot, und im Bade entstehen weiße Anlagerungen; hier wird Zyankalium bis zur Auflösung des Bodensatzes zugefügt. Die Anode wird zweckmäßig größer als die Warenfläche gewählt, weil der Lösungsvorgang an der Anode träger als die Abscheidung an der Kathode verläuft.

189. Man löst 4 kg Zyankupferkalium, 4 kg Zyanzinkkalium, 0,2 kg Zyankalium (98—100%), 0,1 kg Ammoniaksoda (wasserfreies, kohlensaures Natrium), 1 kg neutrales schwefligsaures Natrium mit Zusatz von 0,2 kg Chlorammonium, bei Eisen besser kohlensaurem Ammonium, in 100 l Wasser von 50°. Badspannnug ist für Zink 2,5 V, für Eisen 3—3,5 V, für kleine Massenartikel bis 4 V bei Stromdichten bis 0,5 A/dm^2.

190. 6 kg Kupfertrisalyt, 3 kg Zinktrisalyt, 100 l Wasser (kalt), 200—500 g Ammoniak (0,91), je nach dem gewünschten Farbenton.

191. Glanzmessing. Um unmittelbar im Bade glänzende Messingbeläge zu erzielen, werden folgende Zusätze empfohlen:

Glanzbildung durch Ammoniakzusatz: auf je 100 l Bad werden 50 cm^3 Ammoniaklösung zugesetzt, oder

Arsenik als Glanzmittel. 50 g Arsenik werden in Wasser mit so viel Zyankalium versetzt, daß eben Lösung erfolgt; diese wird auf 2 l verdünnt. Auf 100 l Messingbad werden 50—60 cm^3 hiervon zugesetzt.

192. Verchromen. Gegenüber den sonst zu galvanischen Niederschlägen benutzten Metallen zeichnet sich das Chrom durch besondere *Hitzebeständigkeit* (es schmilzt erst gegen 1600° und bleibt selbst beim Erhitzen auf mehrere hundert Grad vollkommen blank), *Härte* (es steht dem Korund sehr nahe und vermag Glas zu ritzen) und *chemische Widerstandsfähigkeit* aus (es wird nur von Salzsäure und heißer Schwefelsäure angegriffen, dagegen nicht von organischen Säuren und den gebräuchlichen Alkalien, auch nicht von Jod, Sublimat, Schwefelverbindungen usw.). Daher sind die Vorteile einer blanken Chromschicht: kein Blindwerden, kein Schrammen, kein Putzen.

Diesen Vorzügen stehen leider auch Nachteile gegenüber, die teils in der elektrolytischen Abscheidung des Metalls, teils in dem Verhalten dieser Chromüberzüge begründet sind. Während sonst Metallniederschläge schon durch geringe Stromstärken unter einfacher Entladung der Metallionen erhalten werden, muß das Chrom durch Reduktion seiner Sauerstoffverbindungen (Chromsäure) mit Hilfe hoher Stromdichten abgeschieden werden, was mit starker Wasserstoffentwicklung verbunden ist. Da außerdem mit unlöslichen Anoden aus Blei gearbeitet werden muß, liegen die Stromausbeuten in Chrombädern nur etwa bei 10—20%. Die Gasentwicklung führt zu einer starken Zerstäubung der ätzenden Badflüssigkeit und macht kräftige Absaugung der Badnebel durch rings um das Bad gelegte Absaugkanäle notwendig. Bei seiner elektrolytischen Abscheidung nimmt das Chrom beträchtliche und mit der Stromdichte steigende Mengen an Wasserstoff auf, wodurch Härte und Sprödigkeit gesteigert werden. Gleichzeitig entstehen hierdurch, ähnlich wie beim Nickel, innere Spannungen, die von einer gewissen

Schichtendicke an (bei Chrom bereits bei 0,002 mm) zur Auslösung drängen unter Bildung feiner Haarrisse oder Absprengen der Schicht, wodurch der Korrosionsschutz verlorengeht. Dieser Wasserstoff wandert aber auch in tiefe Schichten bis zum Grundmetall und kann dessen Festigkeitseigenschaften schädigen. Durch Erhitzen auf etwa 350° läßt die Härte der Chromschicht nach und geht bei Rotglut so weit zurück, daß auch die Feile angreift, indessen wird durch eine zu hohe thermische Behandlung die Bildung von Rissen gefördert und auch das Grundmetall gefährdet. In einer minder schädlichen Weise gelingt die Entfernung des Wasserstoffs aus Überzug und Grundmetall, wenn man verchromte Ware in einem Hochvakuumgefäß der Einwirkung von hochgespanntem Wechselstrom für 5—10 min aussetzt. Nach Art der Elektrodenzerstäubung wandert der Wasserstoff unter eigentümlicher Lichtemission aus dem Metall; auch etwa eingeschlossene Reste des Elektrolyten werden hierbei aus der Schicht entfernt.

Hauptbestandteil der Verchromungsbäder ist die Chromsäure in Mengen von etwa 250—450 g/l. Doch gelingt die Abscheidung von metallischem Chrom nur dann, wenn gleichzeitig noch eine Fremdsäure, z. B. Schwefelsäure, in gewissen, sowohl nach unten wie nach oben eng begrenzten Mengen vorhanden ist (DRP. 448526). Enthält das Bad weniger als 0,4% Schwefelsäure (bezogen auf die in 1 l enthaltene Chromsäure), so entsteht bei der Elektrolyse nur selten Chrommetall, sondern meist eine braune Oxydablagerung. Bei einem Gehalt über 2% an Schwefelsäure sinkt die Stromausbeute an Chrommetall wieder nahezu auf Null; ihr Höchstwert liegt bei etwa 1,1% Schwefelsäure, wird aber bei gleichem Schwefelsäuregehalt durch Steigern der Stromdichte und Erniedrigen der Temperatur erhöht. Ungünstig bei den Chrombädern ist das Streuungsvermögen, d. h. die Tiefenwirkung, was sich bei profilierten Waren darin äußert, daß sich das Metall an den der Anode näherliegenden Teilen der Kathode in dickerer Schicht abscheidet als an den zurückliegenden Stellen. Die Ungleichmäßigkeit in der Schichtstärke führt leicht zu Undichtheit der Chromniederschläge und zu ihrem Versagen als Korrosionsschutz. So hat sich das heute allgemein übliche Verfahren der Verchromung mit Zwischenschichten herausgebildet (DRP. 440612), wobei der Korrosionsschutz durch solide Vorvernicklung gewährleistet wird, während durch die Chromdeckschicht mechanischer Schutz, Hochglanz und dekorative Wirkung erreicht wird.

Wichtig ist ferner die Kenntnis der Bedingungen, unter denen mit Sicherheit hochglänzende Niederschläge erhalten werden. Denn nachträgliches Polieren erfordert bei der hohen Härte der Chromschicht einen beträchtlichen Aufwand an Schwabbeln, Polierpasta und Arbeitslohn. Erwärmte Chrombäder liefern Hochglanzniederschläge oberhalb 4 A/dm^2, kalte jedoch nur zwischen 2 und 6 A/dm^2. Aus den Wechselbeziehungen zwischen Temperatur, Stromstärke, Streufähigkeit und Glanz haben sich folgende Arbeitsweisen entwickelt: für Messing, Kupfer, Alpaka 30—35° bei 0,6% Schwefelsäuregehalt (bezogen auf die Chromsäuremenge), für Nickel und Eisen 38—45° bei 0,8—1% Schwefelsäuregehalt; Stromstärke 10—20 A/dm^2 bei 6—8 V. Doch ist man allmählich übergegangen zu Bädern mit 1—2% Fremdsäure bei 50—55° C und einer Stromdichte von 40—60 A/dm^2. Zur Milderung der inneren Spannungen werden die verchromten Waren 1—2 h bei 180—250° C angelassen. Als Behälter dienen Eisenwannen, die innen mit lose eingesetzten Drahtglasplatten ausgekleidet sind; diese Auskleidung braucht dem Elektrolyten den Zutritt zu der Eisenwandung nicht zu versperren, sondern dient zur Verhinderung einer anodischen Polarisierung der Wanne, durch die das Eisen in Lösung gehen würde. Leicht rollende Massenteile können in Trommeln verchromt werden; für Großbetriebe dienen Ringbäder.

Bei der hohen Konzentration des Elektrolyten bedürfen die Bäder nur alle 1—2 Monate der Kontrolle, die beim Fehlen eines analytischen Laboratoriums von der Lieferfirma kostenlos durchgeführt wird. Sind wesentliche Verunreinigungen des Elektrolyten durch Eisen nicht eingetreten, so wird durch Verstärkersalz die richtige Baddichte wiederhergestellt.

193. Verchromung auf Nickelzwischenschicht. Die Grundmetallfläche muß besonders sorgfältig vorbereitet sein, um gute Haftfestigkeit der Nickelschicht zu erzielen. Besonders gewissenhaft ist der Ansäuerungsgrad der Nickelbäder zu überwachen, damit die Nickelschicht durch Wasserstoffaufnahme nicht zu spröde wird; sie soll umgekehrt noch aufnahmefähig sein für den aus der Chromschicht übergehenden Wasserstoff; von dieser Aufnahmefähigkeit hängt geradezu die Stärke der auftragbaren Chromschicht ab. Darum müssen diese Nickelschichten nötigenfalls vor der Verchromung entgast werden. Für Messingwaren, die nicht mit feuchter Atmosphäre in Berührung stehen, genügen Nickelschichten von etwa 0,003 mm, die in 15—20 min erhältlich sind. Außenarmaturen verlangen mindestens 0,015 mm, ebenso Eisen- und Stahlwaren bei leichter Ausführung, Erzeugnisse 1. Güte dagegen eine solche von 0,025 mm. Zur Erzielung von Hochglanz ist es am günstigsten, zunächst nur schwach zu vernickeln und dann so stark zu verkupfern, daß diese Schicht poliert werden kann, worauf nochmals vernickelt und schließlich verchromt wird. Für die Verchromung genügt bei den meisten Waren eine Einhängezeit von 5—20 min, was einer Schicht bis zu 0,0012 mm entspricht. Spritzgußteile erhalten zunächst eine Deckschicht aus Kupfer oder Messing, dann die Vorvernicklung und schließlich eine schwache Verchromung (Glanz- oder Dekorativverchromung).

194. Verchromung ohne Zwischenschicht. Sie erfolgt teils auf Waren aus Alpaka oder Tombak mit Einhängezeiten zwischen 20—60 min, teils auf technischen Geräten aus Eisen und Stahl, die gegen mechanische oder thermische Beanspruchung besonders wirksam geschützt werden sollen. Grenzlehren, Dorn- und Rachenlehren werden zunächst auf Untermaß geschliffen, dann mit einer starken Chromschicht von rund 0,1 mm versehen und nun auf genaues Maß geschliffen. Um Abspringen oder Aufreißen der Schicht zu verhindern, findet vor der Verchromung zweckmäßig anodische Anrauhung der Oberfläche im Schwefelsäurebade und nach der Verchromung Entgasung statt. Gewindelehren verchromt man mit einer Schicht von 0,005—0,01 mm und berücksichtigt diese bei der Vorbearbeitung. Skalen und Teiltrommeln erhalten vielfach Mattverchromung auf sandstrahlmattierter, vorvernickelter Grundfläche. Bewährt hat sich das Verchromen eiserner Formen für die Glasindustrie, weil dadurch der Verzunderung und teuren Aufarbeitung durch Ziseleure vorgebeugt wird. Dasselbe gilt für Preßformen der Kunstharze und Hornstoffe. Druckstöcke und Prägewalzen werden durch eine harte Chromschicht nicht nur vor Abnützung geschützt, sondern erhalten dadurch auch die Eigenschaft, die Druckfarben leichter abzustoßen (Hartverchromung).

195. Chromsäurebäder. Meist werden Lösungen mittlerer Konzentration angewandt, die etwa 250 g Chromsäure + 2,5 g Schwefelsäure bis 300 g Chromsäure + 3 g Schwefelsäure im Liter enthalten. Hierin kann die Schwefelsäure auch durch eine äquivalente Menge von Chromsulfat oder anderen Sulfaten ersetzt sein. Als Muster kann nachstehendes Bad dienen:

Bad nach SARGENT: 1 l Wasser, 250 g Chromsäure, 3 g Chromsulfat. Als kathodische Stromdichte werden für Messing mindestens 10 A/dm², für Eisen und Stahl 15—20 A/dm² angegeben. Anoden bestehen aus Blei. Zur Erzielung glatter, glänzender Niederschläge wird das Bad auf 35—40° gehalten. Dies kann schon durch die hohe Stromdichte geschehen, so daß unter Umständen sogar Kühlschlangen zur Ableitung zu starker Erwärmung erforderlich werden.

196. Schwarzverchromung. Siemens & Halske erzeugen schwarze Chromniederschläge durch Erhöhung der Stromdichte auf etwa 100 A/dm² z. B. aus einem Bade mit 350 g Chromsäure und 0,5 g Schwefelsäure in 1 l Wasser bei 25° C und 8—10 V (DRP. 607420).

197. Bei Zink unterscheidet man saure, alkalische und zyankalische Bäder, von denen die alkalischen jedoch kaum mehr angewandt werden. Am wichtigsten sind die sauren Bäder, doch haben sie nur ein geringes Streuungsvermögen, so daß für profilierte Waren der Elektrodenabstand vergrößert bzw. die Anodenform der Kathodenform angepaßt werden muß; sorgfältig muß der Säuregehalt aufrechterhalten bleiben; denn sobald das Bad aufhört, deutlich sauer zu sein, fällt das Zink in oxydhaltiger, spröder oder sogar schwammiger Form aus. Die zyankalischen Bäder arbeiten besonders gut in die Tiefe und werden deshalb zum Vorverzinken stark profilierter Ware verwendet. Die elektrolytische Verzinkung wird namentlich auf Eisen durchgeführt und hat die früher übliche Feuerverzinkung stark zurückgedrängt. Sie liefert zwar meist nur eine mattgraue, unansehnliche Zinkschicht, bietet aber gegenüber der Feuerverzinkung wichtige Vorteile: bei großer Ersparnis an Zink besteht der Überzug aus reinem Metall; die Stärke der Zinkschicht kann leicht verändert werden (gewöhnlich beträgt sie 80—100 g je m², einseitig gerechnet; bei Blechen, die viel mit Wasser in Berührung kommen, geht man auf 120—150 g); es besteht nicht die Gefahr, daß Löcher, Bohrungen, Gewinde auf der Ware zugesetzt werden, oder daß Drähte, Federn u. dgl. ihre physikalischen Eigenschaften ändern; der elektrolytische Überzug haftet viel fester auf dem Grundmetall als die Feuerverzinkung (Haftfestigkeit 33,6 kg/cm² bzw. 16,8 kg/cm²); galvanisch verzinkte Bleche sind falzbar, Drähte können sogar bei starker Zinkauflage um ihren eigenen Durchmesser gewickelt werden, ohne daß die Auflage abblättert. Besonders vorteilhaft ist die elektrolytische Verzinkung für Kleineisenzeug, das bei der Feuerverzinkung leicht zusammenbackt und verklebt wird; in den hierfür dienenden Massengalvanisierapparaten wird mit hoher Badspannung gearbeitet (8—10 V, in Trommelapparaten bis zu 15 V); die Stromstärke ist in Trommelapparaten bei 15 V etwa 100—120 A und steigt in Schaukelapparaten sogar auf 250—300 A; dabei kommt die Ware durch das innige Scheuern während des Prozesses schön hell und glänzend aus dem Bade.

198. Saure Zinkbäder. 25 kg Zinkvitriol, 2 kg Chlorzink, 5 kg Natriumsulfat, 1 kg Schwefelsäure, 100 l Wasser. Badspannung bei 1 A/dm² 1,6 V, 2 A/dm² 3 V, 3 A/dm² 4,2 V; Stromausbeute etwa 95%, oder

25 kg Zinkvitriol, 1,5 kg Borsäure, 4,5 kg Magnesiumsulfat, 100 l Wasser, oder 30 kg Zinkvitriol, 5 kg Aluminiumsulfat, 7 kg Natriumchlorid, 3,5 kg Borsäure, 100 l Wasser.

Die Bäder werden von Zeit zu Zeit mit etwas Schwefelsäure angesäuert.

Wenn sich blankpolierte Eisengegenstände nicht gut verzinken, muß man mit höherer Stromdichte arbeiten oder die Waren vor dem Verzinken durch Salpetersäure ziehen.

Alle Zinkbäder arbeiten besser, wenn man sie erwärmt, und erlauben dann auch erheblich höhere Stromdichten; doch erhält die Verzinkung bei Temperaturen über 30° einen blauen Schimmer. Wichtig ist ferner die Bewegung des Bades, häufigeres Umhängen der Waren und Kratzen des Niederschlages mit einer weichen Stahlbürste, ferner die Verwendung reiner, besonders eisenfreier Salze.

199. Zinkzyanidbad. 5 kg Zinkzyanid, 5 kg Zyannatrium (oder 6 kg Zyankalium), 5 kg Natriumhydroxyd, 100 l Wasser. Das Bad liefert z. B. mit 2,2 A/dm² bei 49° helle, sehr ebene und feinkörnige Niederschläge bei fast theoretischer Stromausbeute.

200. Glanzverzinkung. Als Mittel zur Glättung und Kornverfeinerung haben sich Aluminiumsalze bewährt. Doch werden auch Zusätze von Dextrin, Leim, Kandiszucker, Traubenzucker (2—3 kg auf 100 l), Stärke, Panamaholzextrakt, Süßholzextrakt, β-Naphthol, Glyzerin, Tannin, Weinsäure, Pyridin, Schwefelkohlenstoff empfohlen. Sie dürfen aber nur in geringer Menge angewandt werden, und meistens hört die günstige Wirkung nach längerem Gebrauch auf.

201. Entfernung von Eisen aus Zinkbädern. Um einen sich störend bemerkbar machenden Eisengehalt aus sauren Zinkbädern zu entfernen, macht man das Bad mit Soda oder Magnesiumkarbonat neutral, erhitzt es unter Aufrechterhaltung der neutralen Reaktion bis zum Sieden und trägt vorsichtig in kleinen Mengen Ammoniumpersulfat ein (meist genügen 2 g auf 1 l). Den braunen Eisenniederschlag läßt man absitzen, hebert und filtriert das Bad ab und bringt es durch Zusatz von Säure wieder auf den richtigen Säuregrad.

202. Kadmiumniederschläge sind fast silberweiß; sie sind etwas härter als Zinn und Silber, aber etwas weicher und geschmeidiger als Zink, leicht auf Hochglanz polierbar. Infolge des größeren Atomgewichts ist die theoretische Niederschlagsmenge je Amperestunde rd. 2,1 g (gegenüber 1,2 g beim Zink), so daß gleichschwere Niederschläge bei gleicher Stromdichte in etwas mehr als der halben Zeit erhalten werden. In der Spannungsreihe steht das Kadmium zwischen Zink und Eisen, so daß es sich ähnlich wie Zink zum Rostschutz eignet; dabei hat es vor diesem den Vorzug, daß es leicht porenfrei niedergeschlagen werden kann, so daß man mit erheblich geringerer Schichtendicke auskommt (für viele Zwecke genügen schon 20—25 g/m^2). Wegen der hohen Geschmeidigkeit halten verkadmete Bleche scharfen Biegeproben stand.

Kadmium wird sowohl aus saurem wie aus zyankalischen Bädern mit hoher Stromausbeute niedergeschlagen; im 1. Fall neigt es zur Bildung gröberer Kristalle, so daß glatte Niederschläge nur bei Anwesenheit glättender Zusätze (Gelatine, Agar-Agar, Leim jeder Art, Türkischrotöl, Phenol in Mengen bis zu etwa 1%) entstehen; auch ein kleiner Zusatz von Nickel (etwa 0,4 g/l) wirkt glättend und erhöht ein wenig die Härte des Niederschlags. Wegen der besseren Tiefenwirkung werden vorwiegend zyankalische Bäder angewendet, die zweckmäßig auch Glanzzusatz erhalten und fast silberweiße Niederschläge liefern.

Da Kadmiumverbindungen *giftig* sind, eignen sich verkadmete Waren nicht zum Aufbewahren von Lebensmitteln.

203. Saures Kadmiumbad. 12 kg Kadmiumsulfat, 0,5 kg Schwefelsäure, 100 l Wasser nebst Glanzzusatz. Badspannung bei gewöhnlicher Temperatur und etwa 2,5 A/dm^2 ungefähr 5 V. Als Anoden dienen gegossene Platten aus reinem Kadmium.

204. Zyankalisches Kadmiumbad (nach FISCHER): 2,87 kg Kadmiumzyanid und 3,7 kg Zyankalium werden in 100 l Wasser gelöst. Man arbeitet bei 40° und etwa 4 V, wobei sich Stromdichten von 2 A/dm^2 und mehr ergeben.

205. Zinn bereitet bei der elektrolytischen Abscheidung insofern Schwierigkeiten, als es imstande ist, hierbei in drei verschiedenen Formen aufzutreten: schwammig, grobkristallinisch oder dicht. Die schwammige Form ist locker und leicht abzureiben; die grobkristalline haftet zwar, besteht aber aus größeren Kristallen, die Poren zwischen sich lassen und zum Teil aus der Oberfläche herauswachsen; erst die dichte Form ist porenfrei und festhaftend und entspricht dem gewünschten Zustande. Der elektrolytische Zinn-Niederschlag ist matt; soll er glänzend werden, so muß während des Niederschlagens wiederholt mit Stahl- oder Messingdrahtbürsten gekratzt werden.

Die elektrolytische Verzinnung dient zum Verzinnen von Kupferdraht für elektrische Leitungen, um ihn für die spätere Vulkanisierung unempfindlich zu machen, ferner von kleinen Massenartikeln aus Eisen, Stahl, Messing, Kupfer (wie Schrauben, Stiften, Kabelschuhen und anderen elektrotechnischen Artikeln) und von Gußeisen, das der Feuerverzinnung gewisse Schwierigkeiten bereitet.

Meist arbeitet man mit alkalischen Bädern, da sie große Streukraft haben; doch bewirkt ein zu großer Überschuß von Ätznatron ein Schwammigwerden des Zinniederschlages; ferner haben die Bäder den Nachteil einer schlechten Stromausbeute und müssen auf etwa 75° C gehalten werden, um anodische Auflösung und kathodische Abscheidung einander anzugleichen. Die sauren Zinnbäder haben eine lange Lebensdauer und arbeiten bei gewöhnlicher Temperatur mit fast theoretischer Stromausbeute. Doch ist unbedingt ein Kolloidzusatz notwendig, um einen mikroskopischen Niederschlag statt großer Kristalle zu erzeugen. Die gleiche Wirkung kann durch Zugabe von aromatischen Sulfosäuren erreicht werden; indessen ist nach FOERSTER die günstige Wirkung nicht auf Sulfosäure selbst zurückzuführen, sondern auf gewisse, bisher noch unbekannte Beimengungen, die sie enthält.

206. Alakalisches Zinnbad. Man löst auf 100 l Wasser 2,5 kg Zinnchlorür, kristallisiert, setzt Kalilauge oder Natronlauge von 15% bis zur Auflösung des entstandenen Niederschlages zu und dann noch 1 kg Zyankalium von 98—100%. Badspannung 1,3 V, Stromdichte 0,2 A/dm^2.

207. Schwefelsaures Zinnbad. 6 kg Zinnsulfat, 5 kg Schwefelsäure, 1,5—2 kg Leim, 100 l Wasser. Das Bad wird auf etwa 40° erwärmt und in Bewegung erhalten. Stromdichte 1—2 A/dm^2 bei etwa 0,5 V.

208. Kresolsulfosaures Zinnbad (nach FOERSTER). 5,4 kg Zinnsulfat, 1,5 kg Schwefelsäure, 3 kg Kresolsulfosäure, 100 l Wasser. Die Sulfosäure wird hergestellt, indem gleiche Gewichtsmengen Metakresol und konzentrierte Schwefelsäure gemischt werden; hierbei erwärmt sich die Flüssigkeit von selbst auf 80 bis 90°; zur Beendigung der Einwirkung wird die Temperatur auf 100—110° erhöht und etwa 1 h hindurch aufrechterhalten. Das entstandene Produkt kann unmittelbar verwendet werden; es sieht rotbraun aus bei Herstellung aus technischem Kresol, fast farblos aus reinem Kresol. Mit dem rotbraunen Produkt erhält man zuerst dunkelgraues Zinn, nach kurzer Benutzung des Bades aber dichtes, weißes Metall; das Bad mit der fast farblosen Sulfosäure liefert von Anfang an dichtes, helles Zinn. Dünne Verzinnungen lassen sich mit etwa 4 A/dm^2 ausführen; für stärkere Überzüge ist geringere Stromdichte zweckmäßig, oder es muß Gelatine oder dgl. zugesetzt und für lebhafte Bewegung des Bades gesorgt werden.

209. Bleiüberzüge sind wegen ihrer Widerstandsfähigkeit gegen Schwefelsäure oft am Platze; sie kommen auch auf elektrischen Installationsstoffen zum Schutze gegen saure Grubenwässer zur Anwendung.

Man kann mit alkalischen und sauren Bleibädern dichte und festhaftende Niederschläge von Blei herstellen; die sauren Bäder schlagen schneller nieder, die alkalischen streuen besser, sind also für profilierte Waren vorzuziehen. Indessen haben die alkalischen Bäder den Nachteil einer schlechten Stromausbeute und liefern ebenso wie die meisten älteren Rezepte für Bleiniederschläge kaum dickere Überzüge, ohne daß schwammige kristallinische Ausscheidung auftritt. Erst die neueren Bäder, in denen das Blei an Kieselfluorwasserstoffsäure, Borfluorwasserstoffsäure oder Überchlorsäure gebunden ist, liefern ohne Schwierigkeit und mit bester Stromausbeute (annähernd 100%) dicke Bleischichten in dichter, porenfreier Form.

Eisen und Stahl lassen sich gut verbleien; Gußeisen wird zweckmäßig mit dem Sandstrahlgebläse vorbereitet, um eine metallreine Oberfläche zu schaffen. Kupfer und seine Legierungen erhalten vor der Verbleiung zweckmäßig eine dünne Auflage von Zinn oder Nickel. Die Anoden bestehen aus Weichblei.

210. Alkalisches Bleibad. 2 kg Kaliumplumbat, 0,5—0,7 kg Kaliumhydroxyd, 100 l Wasser. Badspannung etwa 4 V, Temperatur etwa 80—90°.

211. Kieselfluorwasserstoffsaures Bleibad (nach SENN). Die im Handel befindliche, etwa 33%ige Kieselfluorwasserstoffsäure wird auf sp. bew. 1,10 verdünnt und dann allmählich mit so viel Bleikarbonat versetzt, daß die entstandene Lösung je Liter etwa 100 g Bleimetall enhält; dies entspricht einer Menge von etwa 130 g Bleikarbonat. Die durch Absetzen geklärte Lösung wird vom Bodensatz abgegossen und mit einer Lösung von 0,1 g Gelatine je Liter Bad gemischt. Schon mit einer Badspannung von 0,1—0,2 V lassen sich Kathodenstromdichten von etwa 1 A/dm² erhalten.

212. Borfluorwasserstoffsaures Bleibad (nach BLUM). Bäder dieser Art liefern die besten Bleiniederschläge, haben auch den Vorzug, sich für besonders dicke Bleischichten in hoher Konzentration ansetzen zu lassen und dauernd klar zu bleiben, während die kieselflußsauren Bäder zur Trübung neigen. Bad für *dünne Bleiüberzüge* bis zu etwa 0,125 mm: Basisches Bleikarbonat 142 g/l, Flußsäure, 250 g 50%ig. Lösung, Borsäure 106 g, Leim 0,2 g. Dünne Überzüge lassen sich daraus mit 2—3 A/dm², stärkere nur mit 1 A/dm² niederschlagen. Für *dickere Überzüge* und größere Stromdichten empfiehlt BLUM doppelt so hohe Konzentration und beim Arbeiten im ruhenden Bade 1—2 A/dm², im bewegten 3 bis 8 A/dm², doch darf die Bewegung nicht durch Einleiten von Luft bewirkt werden.

213. Überchlorsaures Bleibad. MATHERS empfiehlt eine Lösung aus 2,72 kg Bleiperchlorat (statt dessen auch das billigere Bleiazetat), 1,36 kg Perchlorsäure (spezif. Gewicht 1,25), 28,35 g Pepton, 54,5 l Wasser. Stromdichte im allgemeinen 1 A/dm² bei 16—21° bei möglichst großen Anoden aus reinem Weichblei; Stromausbeute nahezu 100%. Streifigwerden des Überzuges und Ansteigen der Badspannung deuten auf Verarmung an Säure. Oder

Bad nach Siemens & Halske: 370 g Bleiperchlorat, 113 g Überchlorsäure, 4,5 l Wasser, einige Tropfen Nelkenöl.

214. Einrichtungen für galvanische Anlagen werden vollständig berechnet geliefert. Sie bestehen dann aus den Einrichtungen zum Entfetten, Beizen und Neutralisieren, den Anschlüssen für den elektr. Strom (evtl. den Dynamoaggregaten) samt Meß- und Regulierinstrumenten, den Bädern selbst und den Vorrichtungen zum Spülen und Trocknen. Man benutzt hauptsächlich Spannungen von 4—15 V. Alle Bäder werden parallel an die beiden Hauptleitungen angeschlossen, so daß eine klare Trennung (Anode = positive, Kathode = negative Leitung) gegeben ist, Die Badstromregler sind zwischengeschaltet und müssen vor Stillsetzen der Anlage wegen der gegenelektromotorischen Kraft der galvanischen Elemente in den Bädern ausgeschaltet werden. Die Badstromregelung richtet sich nach folgenden 4 Gleichungen:

1. Kleine vorkommende Warenoberflächen in dm² mit anzuwendender Stromdichte in A/dm² gleich Mindestgebrauchsstrom.

2. Stromquellenspannung-Badspannung gleich benötigte Spannungsvernichtung.

3. Spannungsvernichtung geteilt durch Mindestgebrauchsstrom gleich Widerstand in Ohm.

4. Größte etwa vorkommende Warenoberfläche in dm^2 mal anzuwendende Stromdichte in A/dm^2 gleich größter Stromdurchlaß in A.

Die Badgefäße bestehen bis zu den größten Abmessungen durchweg aus Holz; manchmal sind sie mit Bleiblech ausgeschlagen, manchmal als geschweißte Eisenblechwannen ausgeführt. Die Auskleidung mit Blei gibt den Schutz gegen saure Elektrolyte. Sehr schön ist die Auskleidung mit aufvulkanisiertem Hartgummi. Das ist praktisch bruchsicher (eben darum ist Steinzeug nicht praktisch) und vor allem elektrisch sicher, denn es verhindert Erdschlüsse. Es gibt noch Sonderausführungen aus legierten Stählen: Kostenfrage. Die Anodenfläche soll der Kathodenfläche gleich sein (wird verständlich aus dem elektrolytischen Vorgang.) Man rechnet mit Anodenbreiten von 100—200 mm. Weiterhin wird aus dem elektrolytischen Vorgang verständlich, daß die Länge der Anoden der Eintauchtiefe der zu behandelnden Gegenstände entsprechen soll. Wiederum wird aus dem elektrolytischen Vorgang verständlich, daß Profilanoden die Streufähigkeit des Elektrolyten verbessern.

Wenn die Technik der elektrolytischen Überzüge richtig und gut ausgeführt werden soll, erfordert sie umfangreiche Erfahrung im Handwerk. Als Vergleich: mit dem Deutschen Arzneibuch in der Hand oder im Kopf ist noch niemand ein Arzt geworden und insofern macht das Rezeptbuch ebensowenig einen Handwerker. Man erlaube dem Verfasser einen scharf zugespitzten Vergleich: was vor rund 20 Jahren elektrolytisch chromiert wurde, hält heute noch, was heute chromiert wird, kann man damit nicht vergleichen. Man mag darüber nachdenken. Denken kann jeder selbst. Zum Nachdenken anzuregen, den Lernenden zu veranlassen, daß er in möglichst großem Umfang sucht, das ist der Zweck des vorliegenden Buches. Das handwerkliche Können beginnt schon beim Einhängen der Gegenstände, bei der Sicherung guter elektrischer Kontakte bei höheren Stromdichten, bei der Einrichtung von Transportvorrichtungen innerhalb der Bäder usw., bei der Kühlung und Erwärmung der Bäder, bei der Badbewegung, beim Abschlammen. Es gibt halb- und vollselbsttätige Galvanisierungsanlagen, Galvanisierungsvollautomaten, bei denen auch sämtliche Hilfsarbeitsgänge (Entfetten, Spülen, Beizen, Neutralisieren, Trocknen) selbsttätig unter Benutzung von Fließautomaten ausgeführt werden, Massengalvanisierungsapparate als umlaufende Trommeln, als Schaukeln, als Glockenapparate sowie als dauernd laufende endlose Bänder.

215. Kathodenzerstäuben zum Herstellen von Metallüberzügen. Im Grunde ist das eine Verdampfung, denn wenn in einem luftleer gemachten Gefäß ein elektrischer Strom zwischen 2 Elektroden übergeht, dann verdampft die Kathode. Baut man Hochvakuumgefäße und macht man sie möglichst groß — etliche cbm — dann ist das Verfahren beispielsweise brauchbar zur Vergoldung und Versilberung von Textilien, zum Leitendmachen von Aufnahmeplatten für die Schallplattentechnik, zum Metallisieren von Papier, das dadurch elektrisch leitend wird, zur Herstellung von photographischen Platten und Spiegeln. Zur Herstellung von Überzügen zum Schutz gegen Korrosion ist das Verfahren ungünstig, mehrere physikalische Umstände erschweren das, trotzdem kann man sehr reine Silber- oder Aluminiumüberzüge erhalten, die für bestimmte Zwecke zum Schutz gegen Korrosion ausreichen.

IV. Was wird durch die Oberflächenveredlung erreicht?

216. Die Überzüge als Metalle. Wir haben früher von metallisierender Behandlung von Metalloberflächen gesprochen, um einen besseren Oberbegriff zu bekommen für alle die zahlreichen Möglichkeiten, eine Metalloberfläche überhaupt erst einmal abzukratzen, zu waschen, zu entfetten, zu beizen, ihr eine der Eigenart des Metalles entsprechende Färbung zu geben, die auch einen vorübergehenden Schutz beim Lagern der Gegenstände geben oder einen typischen Zweck haben kann. Das ist durchaus *Metallisieren* und wir wollen diesen Begriff als Oberbegriff festhalten, schafft er doch die geistige Anschauung des reinen Metalls, des Eigenmetalls, des Metalls sui generis, das bei allen diesen Behandlungen zum Vorschein kommt. Es kann keine Schwierigkeit bedeuten, diesen Oberbegriff in der geistigen Anschauung von dem zweiten Oberbegriff, dem der eigentlichen *Veredlung der Metalloberfläche* zu trennen. Das ist, wenn wir den alten Ausdruck im Gedächtnis behalten wollen, auch ein Metallisieren, aber von anderer Art und zu anderem Zweck. Wir können sehr kurz zusammenfassen: irgend ein bestimmtes und zwar überwiegend ein billiges, stets zur Verfügung stehendes Metall bekommt durch die verschiedensten technischen Verfahren, die aus dem Zweck entwickelt worden sind, dem die Metallgegenstände später dienen sollen, durch einen oft nur hauchdünnen Überzug eines anderen und zwar nun eines edleren Metalles ganz neue technische Eigenschaften und es wird damit brauchbar gemacht für Dinge, für die es ursprünglich garnicht in Frage gekommen wäre. Daraus die Nutzanwendung zu ziehen, würde bedeuten, ein Kompendium über die gesamte Werkstoffverarbeitung in der Industrie zu schreiben unter dem Gesichtspunkt des Zweckgedankens. Das wäre eine Enzyklopädie. Es gibt sie und sie wird beständig mit großem Kostenaufwand erneuert. Auf sie muß für alle Einzelheiten verwiesen werden, mehr als eine Anleitung dafür kann ein Rezeptbuch für die Werkstatt nicht sein.

217. Überzüge und andere Mittel als Korrosionsschutz. Dem Praktiker wird an dieser Stelle mit einigen Ausführungen über den *Korrosionsschutz*, also überwiegend den *Rostschutz*, gedient sein, der durch die Oberflächenveredlung und mit anderen Mitteln bewirkt wird. Kennzeichnung des Rostes s. Nr. 106.

218. Rostschutzmittel, die *allgemein* verwendbar sind, *gibt es nicht*; vielmehr muß das angewandte Verfahren dem besonderen Falle angepaßt werden. In Betracht kommen die in den vorhergehenden Kapiteln behandelten Verfahren der Oberflächenveredlung, namentlich das Überziehen des Eisens mit anderen Metallen, mit Phosphatschichten und mit Anstrichfarben; doch können auch andere Wege eingeschlagen werden, die sich aus den Ausführungen über den Rostvorgang ergeben. In allen Fällen der Oberflächenveredlung aber ist zu beachten, daß etwa schon vorhandene Rostansätze vor dem Aufbringen der Schutzschichten auf das sorgfältigste entfernt werden, und daß die Schutzschichten selbst festhaftend, genügend dicht und stark sind.

Besondere Erfolge auf dem Gebiet des Rostschutzes sind endlich durch Legieren des Eisens mit geeigneten Zusätzen erzielt worden.

219. Metallische Überzüge als Rostschutz. Sind sie mangelhaft hergestellt, z. B. zu porös oder zu dünn, so daß sie leicht durch mechanische Beanspruchung verletzt werden, so bilden sich durch den Zutritt von Feuchtigkeit leicht galvanische Elemente heraus, die den Rostvorgang beeinflussen. Besteht in solchem Falle der Überzug aus Zink, so würde dieses zur Kathode und das Eisen zur Anode werden; das Eisen würde daher auch an einer freiliegenden Stelle vor dem Rosten bewahrt bleiben, solange das Zink in der Nachbarschaft noch eine metallische Oberfläche zeigt. Besteht der Überzug aus edleren Metallen als Eisen (z. B. Zinn, Nickel, Blei, Kupfer), so würde das Eisen an einer freiliegenden Stelle zur Kathode des galvanischen Elements werden und deshalb schneller und stärker rosten, als es der Fall wäre, wenn es den Überzug gar nicht hätte. Daher die bekannte Erscheinung, daß z. B. bei schlechten Vernickelungen in kurzer Zeit der Rost durch die Nickelschicht hindurchwächst und sie abhebt.

220. Ölfarbenanstriche. Daß Ölfarbenanstriche einen sicheren Rostschutz nicht zu gewähren brauchen, ergibt sich daraus, daß nicht selten unter Anstrichen, die äußerlich kaum verändert erscheinen, dicke Rostschichten entstanden sind. Dies liegt zum Teil daran, daß Ölfarben bei langer Berührung mit Wasser stark quellen und ihm so den Zutritt zum Metall ermöglichen. Um dem vorzubeugen, verwende man einen möglichst dicht trocknenden Grundanstrich aus gutem Leinöl- oder Holzölfirnis mit nicht zu hohem Zusatz an Eisen- oder Bleimennige und trage nach völligem Trocknen einen ein- bis zweimaligen Deckanstrich mit möglichst wasser- und wetterfesten Farben auf. Als Grundanstrich sind besonders auch solche Farben geeignet, die einen geringen Zusatz an Stoffen enthalten, die laugenhaft wirken oder bei Zutritt von Wasser Laugen abspalten. Bei Schiffsbodenfarben werden auch in die Deckanstriche giftige Stoffe, wie Quecksilberoxyd, arsenige Säure, Kupferverbindungen, eingeführt, durch welche die sich ansetzenden Tiere und Pflanzen getötet werden sollen.

221. Fettüberzüge. Blanke Eisenteile können vorübergehend bis zur endgültigen Fertigstellung ihrer Oberfläche durch Überziehen mit Fetten oder Ölen wirksam geschützt werden. Zweckmäßig verwendet man hierfür die unverseifbaren Mineralfette, wie Vaseline, oder noch besser Staufferfette, die durch ihren Gehalt an Alkalien einen besonders guten Rotsschutz gewähren.

222. Einlegen in Lauge oder Chromsäure. Um zeitweilig einen Schutz zu erzielen, können die Gegenstände auch in stark verdünnte Lösungen dieser Chemikalien gelegt werden, die das Eisen passiv machen.

Geeignet sind z. B. Lösungen von etwa 1 g Kaliumbichromat oder 2—3 g Natriumhydroxyd in 1 l destilliertem Wasser. Gewöhnliches Wasser wird zweckmäßigerweise vermieden wegen der schädlichen Eigenschaften der in ihm enthaltenen Chloride.

223. Zementüberzüge. Ein vier- bis fünfmaliger Anstrich mit einem (zweckmäßig mit Magermilch) streichfähig angerührten Zementbrei gewährt einen guten Rostschutz. Nur muß dafür gesorgt sein, daß der Zement auf die metallisch reine Fläche aufgetragen wird, daß jeder neue Anstrich erst erfolgt, nachdem der vorhergehende völlig erhärtet ist, und daß die Zementschicht nicht der Einwirkung fetter Öle ausgesetzt wird.

224. Aufbewahren in trockener Luft. Sammlungsgegenstände u. dgl. von kleinen Abmessungen können dauernd vor dem Rosten bewahrt werden, indem man sie in geschlossenen Räumen, Kästen, Schränken usw. aufbewahrt, in denen die Luft durch Aufstellen offener, mit stark hygroskopischen Stoffen (wasserfreiem Kalziumchlorid, konzentrierter Schwefelsäure) beschickter Schalen trocken gehalten wird. Nur ist darauf zu achten, daß der Schaleninhalt rechtzeitig erneuert wird.

225. Galvanischer Rostschutz. Wenn das Eisen in besonders hohem Grade der Rostgefahr ausgesetzt ist (z. B. an Kondensatoren, Dampfkesseln), kann der Schutz dadurch erzielt werden, daß die gefährdete Stelle als Kathode in einen Stromkreis eingeschaltet wird. Als Anode können Eisenbleche dienen, die z. B. im Speisewasser isoliert aufgehängt sind. Auch der Entstehung von Lokalelementen und Thermoströmen kann auf diese Weise vorgebeugt werden (Cumberland-Verfahren, DRP. 480 996, erloschen).

Mitunter genügt es schon, das gefährdete Metall in leitende Berührung mit einem unedleren, z. B. reinem Zink, zu bringen; ist jedoch die Zinkoberfläche oxydiert, so läßt die Schutzwirkung nach; die Zinkplatte muß daher in regelmäßigen Zwischenräumen gereinigt werden.

226. Legieren des Eisens mit geeigneten Zusätzen. Schon durch einen *Kupfergehalt* von 0,2—0,25% kann die Wetterbeständigkeit (d. h. Lebensdauer) von

Thomas- und SM-Stahl gegenüber dem kupferfreien Stahl um die Hälfte verlängert werden.

Noch günstiger wirkt das Legieren mit *Chrom*, *Nickel*, *Molybdän* und *Silizium*. Bedingung ist, daß diese widerstandsfähigen Zusätze mit dem Grundmetall Mischkristalle bilden, da nur dieser Aufbau Potentialdifferenzen und katalytischen Angriff ausschaltet. Darum bedürfen diese Legierungen auch einer geeigneten Wärmebehandlung, damit die aus den vorhandenen geringen Kohlenstoffmengen gebildeten Karbide ebenfalls in fester Lösung verbleiben. So sind jene Edelstähle vom Typus VA (mit etwa 13—15% Chrom- und geringem Nickel-, gegebenenfalls auch Molybdängehalt) und VM (mit 18—25% Chrom- und mittlerem Nickelgehalt), sowie der hochlegierte Siliziumguß (14—18% Silizium) entstanden, die nicht nur Rostsicherheit, sondern auch höchste Widerstandsfähigkeit gegen starke Chemikalien (Schwefelsäure, Salpetersäure, schweflige Säure, Phosphorsäure, Essigsäure, Ameisensäure, Milchsäure, Weinsäure, Zitronensäure, oxydierende Stoffe, chlorhaltige Bleichmittel) gewährleisten.

Von Einfluß auf die Beständigkeit ist auch eine glatte Oberfläche.

227. Korrosionsschutz für Leichtmetalle. Reinaluminium besitzt durch die natürliche Anlaufschicht einen wirksamen Schutz vor Korrosion. Bei Magnesium zeigen die Legierungen mit 1,4—2,3% Mangan (Elektron, MgMn) den höchsten Korrosionswiderstand. Auch Bauteile aus Leichtmetall, die im Gebrauch dauernd mit einem Ölfilm bedeckt sind, bedürfen kaum eines besonderen Schutzes.

Hingegen sind Leichtmetall-Legierungen mit einem Gehalt an edleren Metallen (z. B. Kupfer, Blei, Zer, Zink, Kadmium) am meisten gefährdet und würden bei Berührung mit feuchter Luft, Seewasser, Chemikalien u. dgl. rasch zerstört werden. Ein dünner elektrolytischer Überzug mit einem genügend edlen Metall würde mangels ausreichender Dichtigkeit und bei geringster Verletzung eher von Schaden als von Nutzen sein. Ein wirksamer Schutz kann hier erzielt werden durch Plattieren mit Reinaluminium bzw. mit Elektron AM 503 oder durch sorgfältige Lackierung. Hierbei ist nicht nur auf genügende Haftfestigkeit und Dauerelastizität (s. Nr. 115) zu achten, sondern es empfiehlt sich auch ein Zusatz antikorrosiver oder passivierender Mittel wenigstens in die Grundierschicht. Bei den Leichtmetallen haben sich als korrosionshemmend vor allem Zinkchromat und in etwas geringerem Grade auch Zinkoxyd, Bleichromat, Gasruß und Titanweiß erwiesen; Aluminiumbronze, Eisenoxyd, Lithopone und Schwerspat sind als neutral oder indifferent anzusehen; korrosionsfördernd und darum ungeeignet für Leichtmetallanstriche sind Bleifarben (wie Bleiweiß, Bleioxyde), Kupferfarben, BerlinerBlau u.a. Bei der Wahl des Anstrichmittels ist ferner zu beachten, ob es gleichzeitig auch treibstoff- und ölfest sein muß, ob häufige Berührung mit Wasser in Frage kommt und anderes.

Die beste Verankerung für Anstrichfilme bieten oxydische bzw. passivierende Deckschichten durch Eloxal-, MBV- oder Bichromatverfahren (s. Nr. 98, 99, 100, 105, 115), deren Entstehung gleich mit Entfettung der Oberfläche verbunden ist. Auf ihnen liefern einen besonders dichten Film die Einbrennlacke, unter denen die Überzüge mit härtbaren Resollacken an Widerstandsfähigkeit und Härte der Glasemaille nahekommen. Wegen ihrer hohen Einbrenntemperatur (etwa 120—200°) sind sie nur für *Reinaluminium* und Legierungen der Gattung Al-Mn und Al-Si zulässig. Bei den übrigen Aluminiumlegierungen sollten Einbrenntemperaturen von 80—120° nicht überschritten werden. Hierfür haben sich — namentlich bei normaler Beanspruchung im Binnenklima — durchaus die Alkyd-, Nitrokombinations-, Vinyl- und Asphaltlacke, auch Chlorkautschuklacke bewährt, denen im Grundanstrich passivierende Farbkörper und im Deckanstrich bei häufiger Sonnenbestrahlung Aluminiumpulver zugefügt werden. Immerhin ist zu beachten, daß Öllacke nicht unempfindlich gegen Motortreibstoffe und längere Einwirkung von Wasser sind. Für *Magnesiumlegierungen* empfiehlt sich eine Zinkweiß-Vinylharz-Grundierung mit Deckanstrich aus Asphaltlack oder Chlorkautschuklack.

Von Wasser durchflossene Elektroteile an Explosionsmotoren werden durch einen Zusatz von wenigen Zehntelprozenten Alkalichromat oder -bichromat passiviert und dadurch vor Zerstörung bewahrt (vgl. Nr. 111).

228. Prüfung der Beständigkeit gegen Korrosion.

Ungeschützte Bleche, Stahl u. dgl. werden geprüft, indem man sie mit den in Betracht kommenden Flüssigkeiten in Berührung bringt und den Rostvorgang bzw. die Abnahme des Gewichts oder der Festigkeit beobachtet. Zum Beispiel Einlegen in Fruchtsäfte, Essigsäure, Zitronensäure, Kupfersulfatlösungen mit Zusatz von Schwefelsäure oder Oxalsäure; doch achte man auf möglichste Gleichmäßigkeit der Versuchsbedingungen.

229. Prüfung auf Porosität dient dazu, in Deckschichten aus Nickel, Chrom, Zinn, Blei u. a., die auf Eisen als Grundmetall aufgetragen sind, etwa vorhandene Poren nachzuweisen. Man bereitet nach SCHLÖTTER eine Lösung aus 100 cm³ Wasser, 7,5 g Gelatine, 3 cm³ Glyzerin, 1 g Ferrizyankalium; Gelatine wird in dem heißen Wasser gelöst, Glyzerin hinzugefügt und bei etwa 40° das fein gepulverte Ferrizyankalium eingerührt. Die Lösung ist einige Tage im Dunkeln haltbar. Die Platte wird durch Benzin, Tri oder dgl. und nachfolgendes Abreiben mit einer Aufschlämmung von Wiener Kalk in wenig Wasser sorgfältig gereinigt und die zu prüfende Stelle mit einem kleinen Wall aus Plastilin oder Wachs umgeben. Die mäßig warm aufgegossene Lösung erstarrt bald und läßt dort, wo sie durch Poren mit dem Eisen in Berührung kommt, blaue Flecke entstehen. Nach 20—30 min sind alle Poren sichtbar geworden.

Die Probe ist auch auf Kupfer als Grundmetall anwendbar; dann entstehen braune Flecke. Um die Trägheit, die Messing gegenüber dieser Porenprobe zeigt, zu beseitigen, empfiehlt sich noch ein Zusatz von 5 g Ammoniumchlorid zur angegebenen Lösung.

Nach einer anderen Ausführungsform wird möglichst dünnes Filtrierpapier mit einer Lösung getränkt aus 100 cm³ Wasser, 6 g Natriumchlorid und 1 g Ferrizyankalium; das feuchte Papier wird nach dem Abtropfen auf die zu prüfende Stelle gelegt und mit Bürste leicht angedrückt. Bei Messing als Grundmetall werden der Lösung noch 3 g Ammoniumchlorid zugefügt. Die Prüfung ist nach 15 min beendet; Papier wird dann gut gewaschen und getrocknet.

Chromniederschläge, die auf Nickelschicht aufgetragen sind, werden mit folgender Lösung auf Porosität geprüft: 100 cm³ Wasser, 20 g Ammoniumchlorid, 0,5 cm³ Ammoniak und 10 cm³ konzentrierte alkoholische Lösung von Dimethylglyoxim. Die sorgfältig entfettete Chromoberfläche wischt man mit einem in 30%ig. Salpetersäure getauchten Wattebausch ab, spült nach, legt ein mit dem angegebenen Reagens getränktes Filtrierpapier auf die zu prüfende Stelle und drückt es mit einer Bürste leicht an. Poren und Risse zeichnen sich als hellrote Punkte und Linien ab.

230. Salzsprühnebel. Auf dem Boden eines Kastens oder einer Kammer befindet sich eine Salzlösung, die mit einem Zerstäuber durch Einblasen von Luft ständig vernebelt wird. Die Proben werden so in den Kasten eingesetzt, daß sie nicht unmittelbar angesprüht werden; ihre Stellung wird täglich geändert und ihr Aussehen nach sorgfältigem Abspülen geprüft. Als Lösung benutzte man anfänglich 20%ig. Kochsalzlösung; geeigneter sind verdünntere Lösungen (3%ig. Kochsalzlösung), namentlich auch 2%ig. Lösungen von Salmiak, welche die Rostbildung schneller hervorrufen. Angewandt wird diese Prüfung namentlich auf

Zinkniederschläge, die ganz allmählich durch die Salzlösung abgetragen werden, so daß man einen Anhalt über die Stärke und Verteilung des Zinks erhält. Bei anderen Deckschichten, die durch die Salzlösung nicht angegriffen werden, kann nur an etwa vorhandenen Fehlstellen Rostbildung oder Abblätterung der Schicht eintreten. Nickelniederschläge von geringerer Stärke als 0,025 mm beginnen bei dieser Prüfung schon nach 3 h abzublättern, und ähnlich verhält sich verchromtes Eisen bei unzureichender Schutzschicht.

Eine andere Prüfungsweise mit Salzlösung beruht darin, daß man die Probeplatten an langsam umlaufenden Reifen so aufhängt, daß sie etwa alle 10—15 min in eine 3%ig. Kochsalzlösung oder eine 2%ig. Salmiaklösung eintauchen, in der übrigen Zeit aber mit der Luft in Berührung bleiben.

Ein 3. Schnellprüfverfahren beruht darin, daß die Platten in eine Lösung eingesetzt werden, die 3% Kochsalz und 0,1% Wasserstoffsuperoxyd enthält. Durch einen Rührer wird die Lösung ständig in Bewegung gehalten.

231. Ermittlung der Haftfestigkeit von Anstrichen auf Metalloberflächen. Nach dem Verfahren von Erich K. O. Schmidt (Deutsche Versuchsanstalt für Luftfahrt) erfolgt die Prüfung durch Abreißen des Anstrichs vom Untergrund. Hierzu werden die mit dem Anstrich versehenen Bleche auf einem genau ebenen Brett mit Schraubzwingen befestigt. Dann werden Hartholzklötze aus Eschen- oder Buchenholz von 2×2 cm Stirnfläche und 4 cm Länge an ihrer Stirnseite mit Warmleim bei etwa 60—70° bestrichen, auf die Anstrichfläche geklebt und mit einem Messinggewicht von 1 kg belastet. Nach etwa $^1/_2$ h wird der an den Seiten der Klötzchen herausgequollene Leim vorsichtig entfernt und der Anstrichfilm um den Klotz herum eingeschnitten. Am nächsten Tage wird das Brett mit dem Blech und den aufgeleimten Klötzchen senkrecht unter eine Waagschale gelegt; diese selbst wird mit dem Klötzchen verbunden und die andere Seite der Waage mit Wasser belastet bis zum Abreißen des Klotzes vom Untergrund. Aus dem Gewicht des Wassers und der Fläche von 4 cm^2 ergibt sich die Haftfestigkeit in g/cm^2.

Ist die Haftfestigkeit des Anstriches auf dem Blech größer als die des Leimes auf dem Deckanstrich, so kann durch geringes Anrauhen der Anstrichoberfläche das Haftvermögen des Leimes auf dem Anstrich gesteigert werden.

V. Kitte und Klebmittel.

Zwischen beiden besteht kein grundsätzlicher Unterschied; man kann die Kitte als dickflüssige oder teigartige Klebemittel bezeichnen. Beim Kitten und Kleben ist darauf zu achten, daß die zu verbindenden Flächen möglichst genau zusammenpassen, frei von Staub und Fremdkörpern und, wenn möglich, etwas rauh sind. Bei Kitten, die kein Wasser oder wässerige Lösungen enthalten, müssen die zu kittenden Stellen trocken sein. Bei Wasserglas-, Glyzerin-, Leinölkitten werden die Kittstellen vor dem Kitten zweckmäßig mit Wasserglas, Glyzerin bzw. Leinöl (Firnis) bestrichen. Bei Schmelz- oder Leimkitten werden die Kittstellen vorher erwärmt. Die Kittschicht soll möglichst dünn sein und muß genügend erhärtet sein, ehe sie beansprucht wird.

232. Öl- und Harzkitte dienen zum Abdichten gegen Gase und wässerige Flüssigkeiten. Die Ölkitte bestehen aus einem Pulver wie: Schlämmkreide, Bleiweiß, Bleiglätte, Mennige, das mit Leinöl oder Firnis zu einem plastischen Teig geknetet ist. Das Öl kann durch Auflösen von Kolophonium verdickt werden. Auch können Harze allein im geschmolzenen oder gelösten Zustande als Kitt dienen (Kolophonium, Mastix, Schellack, Kunstharze, Asphalt, Pech). Als Lösungsmittel dienen Spiritus, Benzin, Terpentinöl, Benzol.

233. Glaserkitt wird aus Schlämmkreide und Leinöl oder Firnis geknetet; mit Firnis bereitet, erhärtet er schneller.

234. Mennigekitt wird durch Zusammenkneten von Mennige mit Leinöl oder Firnis erzeugt. Statt Mennige kann auch Bleiglätte genommen werden. Oft werden andere Pulver (Sand, Glasmehl) als Füllkörper zugemischt.

235. Harzkitt. Gleiche Teile Kolophonium und Wachs werden zusammengeschmolzen.

236. Spachtelkitt für Holz. Man mengt die eine Hälfte einer gewissen Menge Schlämmkreide mit Leimwasser zu einem steifen Brei an, die andere Hälfte der Kreide wird mit Leinölfirnis und Sikkativ zu einem geschmeidigen, nicht zu steifen und knollenfreien Teig angemacht. Der Sikkativzusatz kann sehr gering sein. Beide Massen werden nun auf einem Brett zusammengearbeitet und gut durchgemischt. Ist der Kitt zu bröckelig, muß mehr Öl, zieht er, muß mehr mit Leimwasser angesetzte Kreide zugemengt werden (s. a. Nr. 248).

237. Kitt für Messerhefte. Gleiche Teile Kolophonium und Kreide werden zuzusammengeschmolzen; die Masse wird heiß in die Hülse gegossen.

238. Kitt für zerbrochene Ölsteine. Die Bruchflächen werden sorgfältig von Öl und Staub befreit, dann mit gepulvertem Schellack bestreut und auf einer heißen Platte bis zum Schmelzen des Schellacks erhitzt. Nun werden die Teile zusammengepreßt und verklammert, bis sie völlig erkaltet sind.

239. Kautschuk- und Guttapercha. Beim Erwärmen auf 60—70° wird Guttapercha sehr plastisch und klebrig, so daß sie unmittelbar als Kitt dienen kann. Kautschuk wird in Form der käuflichen „Gummilösung" angewandt.

In der Gummilösung wird Mastix aufgelöst, wodurch die Klebkraft sehr erhöht wird. Diese Lösung bleibt flüssig bis zur Verwendung.

1 Teil Kautschuk wird in 12 Teilen Terpentinöl (Petroleum, Steinkohlenteeröl) unter Rühren in einem eisernen Gefäß zu einem dicken Rahm gelöst, worauf unter Erwärmen 2 Teile Schellack oder Asphalt hineingerührt werden, bis die Masse gleichartig ist. Zur Anwendung wird der Leim erst im Wasserbade erweicht und dann auf etwa 140° erhitzt, weil er dann tiefer eindringt und besser haftet.

240. Mineralien sind hier namentlich Zement, Gips, Magnesiazement, Wasserglas; auch die Ausdehnung, die das Eisen beim Rosten erfährt, kann zu Kittzwecken ausgenützt werden (sog. Rostkitte). Gips wird oft, statt mit Wasser, mit einer Lösung von Leim oder Gummiarabikum angemacht, um ein dichteres Gefüge und langsameres Erhärten zu erzielen.

241. Wasserglaskitte. Pulverisiertes Kalziumkarbonat wird mit möglichst wenig Wasserglaslösung zu einer zähen Masse verarbeitet. In einigen Stunden wird sie steinhart. Statt Kalziumkarbonat können auch gelöschter Kalk, Zinkoxyd, Eisenoxyd u. a. verwendet werden.

242. Bleioxyd-Glyzerin-Kitt. 50 g Bleiglätte werden mit 5 cm^3 Glyzerin (spezif. Gewicht 1,24) verrieben. Die Kittflächen werden vorher mit etwas Glyzerin befeuchtet.

243. Magnesiazement wird bereitet, indem in eine konzentrierte Lösung von Magnesiumchlorid möglichst viel gebrannter Magnesit als feines Pulver hineingeknetet wird. Zur Färbung können Mineralfarben zugesetzt werden. Der Zement wird steinhart und sehr dicht, zerbröckelt aber bei längerer Berührung mit Wasser.

Rührt man in die Magnesiumchloridlösung eine Mischung aus 1 Teil gebranntem Magnesit und 8 Teilen Eisenpulver ein, so wird der Zement auch gegen Wasser recht widerstandsfähig.

244. Rostkitt zum Dichten eiserner Behälter und zum Ausfüllen von Gußfehlern. a) 100 Teile Eisenpulver und 1—2 Teile Salmiak (oder Kochsalz oder Mischung aus beiden) werden mit Wasser angemacht und fest eingeschmiert.

b) 10 Teile Eisenpulver und 3 Teile Chlorkalk werden mit Wasser zu einem dicken Teig angemacht, der in die Fugen eingestrichen wird. Um Eisenteile durch den Kitt zu verbinden, werden die Stücke nach dem Auftragen des Kittes fest zusammengeschraubt. Schon nach 12 h wird feste Verbindung erzielt sein.

245. Schmelzkitte. Als solche dienen das Spencemetall, die Lote und leicht schmelzende Gläser. Zum Beispiel:

Spencemetall. Gepulvertes Schwefeleisen, allein oder gemischt mit Schwefelblei und Schwefelzink, wird mit dem doppelten Gewicht Schwefel verschmolzen. Der Kitt schmilzt bei etwa 150° und dehnt sich beim Erstarren aus.

Glasige Schmelzkitte. a) Schmelzpunkt etwa 800°: 4 Teile Mennige und 1 Teil feingemahlener Sand werden zu einem Glase verschmolzen. Das gepulverte Glas wird mit Klebstofflösung zwischen die Kittflächen gebracht, worauf vorsichtig bis zum Erweichen des Pulvers erhitzt wird.

b) Schmelzpunkt etwa 650—700°: 9 Teile Mennige, 5 Teile kalzinierter Borax, 3 Teile Sand. Verarbeitung und Anwendung wie oben. Zur Weißfärbung können beide Kitte mit 5—10% Zinnoxyd gemischt werden.

246. Kunstharz. Als ihr Typus kann das Zelluloid gelten. Filme daraus erweichen in heißem Wasser oder kommen durch Befeuchten mit Lösungsmitteln (Azeton, Eisessig, Amylazetat, Butylazetat, Essigäther) zum Quellen; drückt man sie nun zwischen zwei zu vereinigende Flächen, so entsteht beim Erkalten bzw. Verdunsten des Lösungsmittels eine dauerhafte Verkittung bzw. Verschweißung. Zelluloidlösungen sind ausgezeichnete Kitt- und Klebmittel für zahlreiche Werkstoffe; man verklebt damit Leder mit Leder und anderem Material, Horn- und Kunststoffmassen; mit feinstem Metallpulver vermischte Zelluloidlösungen sind ein bequemes Dichtungsmittel für Brennstoffbehälter, Kühler, Röhren u. dgl. Gemenge aus dicker Nitrozellulose-(Filmabfall-)Lösung mit feinem Holzmehl und einem holzfarbenen Farbkörper, oft auch mit einem Zusatz von Harz, sind unter dem Namen „flüssiges Holz", „Simplex-Holzkitt", „Balit" u. a. im Handel (s. a. Nr. 248). Ähnliche Mischungen mit feinstem Ledermehl und lederbraunem Farbkörper, auch Korkmehl, dienen zum Ausfüllen von Löchern, Spalten und Rissen in dickem Leder. Gemeinsame Lösungen von Leim oder Gelatine und Nitrozellulose in Eisessig finden als „Universalkitt" Verwendung. Sollen zwei Zelluloidflächen miteinander vereinigt werden, so bringt man sie durch Befeuchten mit einem Lösungsmittel oberflächlich zum Quellen, drückt sie zusammen und läßt sie unter gelindem Druck trocknen.

In ähnlicher Weise finden Lösungen von *Zellon* Verwendung als Kitte für Holz, Kunstharze und andere Werkstoffe.

Lösungen von *Äthylzellulose* und *Benzylzellulose* in Benzol, Chlorbenzol, Trichloräthylen, Azeton, Amylalkohol, Dioxan usw. liefern gleichfalls wertvolle Kitte für verschiedenartige Werkstoffe und sind besonders ausgezeichnet durch große Beständigkeit gegen Feuchtigkeit, Hitze, Säuren, Alkalien, Salzlösungen, Fette, fette Öle und Mineralöl. Sie finden daher gleiche Verwendung wie Zelluloidlösungen, besonders auch als Metallacke und Bronzelacke, haben aber vor dem leichtentzündlichen Zelluloid und Zellulosenitrat den Vorzug der Hitzebeständigkeit. Daher benutzt man sie auch als Dichtungsmittel für Kochgeschirre u. dgl.

Methylzellulose ist wasserlöslich und wird als Klebstoff (Tylose, Glutofix) oder Spachtelmasse (Glutolin) verwendet.

Für gehärtete *Phenol-Formaldehyd-Harze* von der Art des Bakelit dienen dicke alkoholische *Lösungen* der entsprechenden Resolharze als Kitte; vielfach erhalten sie noch Zusätze von Füllmitteln wie Talkum, Zinkoxyd, gebrannte Magnesia. Öllösliche Phenolharze geben mit Holzöl und Terpentinöl oder Terpentinölersatz lufttrocknende und härtbare biegsame Klebstoffe bzw. Kitte. Für die *Alkyd-* und *Vinylharze* werden die entsprechenden dicken Lösungen dieser Harze in geeigneten Lösungsmitteln (Azeton, Benzol usw.) angewendet. Derartige Lösungen dienen aber auch zum Kitten und Kleben anderer Werkstoffe. Damit sie ihre besten Klebeeigenschaften entfalten, pflegt man sie aus mehreren Komponenten zu bereiten. Die hochmolekularen Typen der einzelnen Harzarten haben in der Regel den Charakter von Hartharzen, erteilen daher der Klebschicht starke mechanische Festigkeit (Kohäsion), während die niedriger molekularen Glieder mehr weichharzartig bzw. dickflüssig sind und daher hauptsächlich das Haftvermögen (Adhäsion) hervorrufen. Nach der Art der Anwendungsweise lassen sich drei Gruppen unterscheiden: **a)** *Lösungskleber*, in denen der Klebstoff in Wasser oder organischen Flüssigkeiten (Benzin, Benzol, Azeton usw.) gelöst ist; **b)** *Milchkleber* (Emulsionskleber, Latexkleber), bei denen das Klebmittel in Wasser emulgiert ist. h. h. in feinster Verteilung im Wasser, ungelöst, schwebt; dadurch wird das organische Lösungsmittel gespart, das beim Trocknen doch verlorengehen würde; **c)** *Klebefolien*, die zwischen den zu vereinigenden Flächen durch Wärme vorübergehend zum Erweichen gebracht werden und dadurch bei entsprechendem Druck die Verbindung schaffen. Vereinigung durch *Schweißen* läßt sich bei solchen Kunststoffen erzielen, die beim Erhitzen vor dem Schmelzen einen verhältnismäßig großen Temperaturbereich der Erweichung aufweisen (z. B. Vinidur, Mipolam, Astralon, Plexiglas, Trolitul, Oppanol), und erfolgt durch geeignete Geräte mit Wärmeregulierung. Nachstehende Beispiele mögen die Mannigfaltigkeit der aus Kunstharzen gewonnenen Kitt- und Klebmittel erweisen.

In der Gruppe der *Harnstoffharze* sind die Glieder mittleren Kondensationsgrades noch wasserlöslich und dienen zur Bereitung des *Kauritleimes*, der durch Härter zur Endkondensation gebracht und dadurch hart und unlöslich wird. Sein Hauptanwendungsgebiet ist die Holzindustrie. Bei Warmverleimumg wird der Leim mit dem Härter vermischt und innerhalb von 24 h verarbeitet; das Pressen erfolgt bei 90—100° unter einem Druck von mindestens 2 kg/cm^2; bei Kaltverleimung wird der Kauritleim auf die eine Seite und der Härter auf die andere Seite der zu verleimenden Fläche aufgetragen, worauf beide Platten zusammengefügt werden. Bei schnell wirkendem Härter beträgt die Preßdauer $1^1/_2$ h, bei langsam wirkendem 4—5 h. Zwecks Verbilligung kann Kauritleim auch mit Weizen- oder Roggenmehl gestreckt werden. Ähnlich ist das Melaminharz *Pressal*, ein trockenes Pulver, das durch Anrühren mit kaltem Wasser den gebrauchsfertigen Leim liefert.

Ebenfalls als Klebmittel für die Sperrholzindustrie dient im großen der *Tegofilm*, der aus einer mit Resolharz imprägnierten Papierbahn besteht; beim Verpressen in der Hitze wird der Film nach vorübergehendem Erweichen gehärtet und dadurch unlöslich und wasserfest, ohne daß das Holz durch Aufnahme oder Abgabe von Feuchtigkeit seine Gestalt ändert.

Ähnliche Filme werden aus Zelluloid, Azetylzellulose, Harnstoffharzen, Akrylharzen, Igevinen u. a. hergestellt und teils als Klebefolien, teils als Trägerfolien für Metallpulver u. dgl. verwendet; sie werden im Heißbügelverfahren verarbeitet. Hervorragend geeignet hierzu sind auch die Äthyl- und Benzylzellulose.

Die große Gruppe der Vinylharze liefert wasserlösliche Kleber in gewissen Typen der *Akrylharze*, wie Collacral N, Latekoll, Rohagit, Plexileim; auch sie können allein oder in Mischung mit Streckungsmitteln verarbeitet werden zu Leimen, die vielfach auf Automaten verarbeitet werden (Verpackungsindustrie, Zigarettenindustrie).

Zur gleichen Gruppe gehören die *Igevine*, die teils ölförmig, teils weichharzartig, teils hartharzartig und in Benzin löslich sind. Die niederen Typen werden, mit Oppanol C gemischt, für Schuh- und Gummiindustrie verwendet, auch für Karosseriebau, Fangleime, Wundschnellverbände, Verschlußbänder u. dgl. Die mittleren Typen von Weichharzcharakter sind gut verträglich mit Nitrozellulose und haben sich bei Herstellung von Nitrozelluloseklebern (Zelluloidklebern, Schuhausballmassen) gut bewährt. Die höheren Typen sind nicht mehr benzinlöslich; in Mischung mit Nitrozellulose können daher öl- und benzinbeständige Klebefilme bzw. Dichtungen erzeugt werden.

Die Igevine lassen sich leicht emulgieren und haben sich in Form dieser Emulsionen oder Dispersionen bedeutende Anwendungsgebiete in der Klebetechnik erobert. So dienen sie als Grundierung für Decklacke auf Leder („Corialgrund"), als „Plexigum-Dispersionen" oder „Plextole" in der Textilindustrie zur Herstellung waschfester Appreturen und wasserdichter Stoffe; im Baugewerbe sind sie als „Plexit" und „Membranit" ein Isolierungsmaterial gegen Feuchtigkeit.

Die *Polyvinylazetate* liefern ebenfalls verschiedene Polymerisationsgrade, die sich durch Viskosität und Plastizität ihrer Lösungen unterscheiden. Dank ihrer vielseitigen Verwendbarkeit und Verträglichkeit mit Nitrozellulose, Weichmachern und anderen Harzen beherrschen sie das Gebiet der Alleskleber (Universalkleber, Tubenkleber).

In ihrem Charakter mehr dem Kautschuk nahestehend sind die *Oppanole*, polymerisierte Butylenverbindungen, die durch hohe Plastizität und Elastizität ausgezeichnet sind. Die niedermolekularen Typen Oppanol B finden daher, in Benzin oder Benzol gelöst, als Klebstoffe von hoher Zähigkeit und Elastizität Verwendung für Treibriemen, die Schuh- und Textilindustrie, elektrische Isolierbänder, Heftpflaster, technische Verschlußbänder, Insektenfangleime, wasser- und gasdichte Stoffe u. dgl. Oppanol C ist bereits ein kautschukähnlicher Stoff.

247. Kitt zur Abdichtung von lecken Brennstoffbehältern (DRP. 613 748):

a) Aluminiumpulver	30 Teile	b) Aluminiumpulver	30 Teile
Nitrozellulose	14 „	Äthylzellulose	14 „
Butylazetat	21 „	Benzol	33,6 „
Äther	35 „	Äther	22,4 „

248. Flüssiges Holz. a) 80 g Nitrozellulose, hochviskos, 980 g Azeton, mit Holzmehl zu einem Brei angerührt. Die Mischung ist gipsartig plastisch und erhärtet beim Verdunsten des Lösungsmittels. Auch als Spachtelkitt geeignet.

b) 30 g gewaschene helle Filmabfälle, 250 g Azeton, 10 g Trikresylphosphat, mit Holzmehl zu Brei angerührt.

249. Leim, Stärke, Dextrin, Kasein. Am häufigsten werden Leim, Stärkekleister und Dextrin benutzt; doch können auch viele Kitte im flüssigen Zustande als Klebmittel dienen.

250. Leim. Am besten läßt man den Leim 24 h in kaltem Wasser quellen, gießt das Wasser ab und verflüssigt die gequollenen Stücke durch Erhitzen im Wasserbade. Die zu leimenden Stücke werden etwas angewärmt.

251. Kleister. Eine Aufschwemmung von 1 Teil Stärke in 1—2 Teilen kaltem Wasser wird unter Rühren in 10—15 Teile kochendes Wasser eingetragen. Durch Zusatz von etwas Weizen- oder Roggenmehl wird die Klebkraft erhöht. Um das Sauerwerden zu verzögern, setze man etwas Borax oder Karbolsäure oder Salizylpulver hinzu.

252. Dextrin. Das käufliche Dextrinpulver liefert schon mit kaltem Wasser, rascher mit warmem, stark klebende Lösungen. Um Schimmeln zu verhindern, wird etwas Borsäure, Karbolsäure, Formalin hinzugefügt.

253. Kaltleim ist die Bezeichnung für leimartige Klebstoffe, die im Gegensatz zum Tischlerleim bei gewöhnlicher Temperatur flüssig sind und darum kalt angewandt werden. Meist werden sie aus pflanzlichen Rohstoffen (Stärke, Dextrin), daneben aber auch aus Kasein und Tierleim bereitet.

a) 100 Teile heiße Leimlösung werden mit 5 Teilen konzentrierter Essigsäure (oder Ameisensäure) versetzt. Es entsteht ein klebkräftiger Kaltleim, der für solche Stellen geeignet ist, wo eine vorübergehende Säurewirkung nicht schadet. Beim Trocknen verflüchtigt sich die Säure.

b) 30 g Kasein werden mit 69 g Wasser, dem 1 g Natriumhydroxyd, Soda oder Borax zugesetzt ist, gekocht.

c) 50 g Dextrin (hellgelb) werden mit 30 g Wasser angerührt und mit 0,5 g Natriumbisulfit zur Behebung des Geruchs und zur Aufhellung der Farbe versetzt; dann wird eine Lösung von 5 g Borax in 15 g Wasser hinzugefügt und alles gleichmäßig durchmischt.

d) Stärke wird durch Erhitzen mit Wasser verkleistert und der Kleister auf heißen, umlaufenden Zylindern getrocknet (Quellstärke).

e) 90 g Kasein werden mit 7,5 g Natriumkarbonat (wasserfrei) und 2,5 g Betanaphthol gemischt. Durch Erwärmen mit Wasser auf etwa 70° entsteht der Leim (Trockenkleber).

f) Hierher gehören auch die der Viskose nachgebildeten *Xanthogenatleime*, wie sie im *Sichelleim* oder *Henkelleim* vorliegen, weißen Pulvern, die mit kaltem Wasser einen Leim von hoher Klebkraft geben.

VI. Erweitertes Wissen.

254. Weniger geläufige Metalle. Alkalimetalle kommen in der Vakuumtechnik vor. Einige Namen: Lithium, Natrium, Kalium, Rubidium, Caesium. Sie können beim Handhaben gefährlich werden. Caesium entzündet sich bei Berührung mit Luft sofort. Natrium und Kalium können plötzlich zu brennen anfangen, Lithium ist nicht so schlimm. Darum Vorsicht, Sandkiste benutzen, Augenschutz. Andere Namen: *Beryllium* ist ein in der Farbe dem Eisen ähnliches Leichtmetall, vom spez. Gew. 1,85, es überzieht sich wie Aluminium sofort mit einer Oxydschicht. Es ist so hart, daß es Glas ritzt. *Molybdän* ist nach Aussehen, Härte und Oxydierbarkeit dem Eisen oder weichem Stahl ähnlich. Es ist sehr wichtig als Bestandteil hochwertiger Stahlsorten. *Platin* ist im allgemeinen kein Metall für die Werkstatt, aber *Quecksilber* kommt vor, als Verschluß gegen Gase und Flüssigkeiten, als anzeigendes Medium in Instrumenten. Quecksilberdämpfe sind *gefährlich*, sie können in geschlossenen Räumen sehr unangenehm werden, wenn man verlorenes Quecksilber aus zerbrochenen Instrumenten nicht wiederfindet. In solchen Fällen ist gründlichstes Suchen und gründlichste Säuberung des Arbeitsraumes erforderlich. *Wolfram*, auch ein wichtiger Legierungsbestandteil, ebenso wie Molybdän, ist so hart, daß es sich nur schleifen, aber nicht feilen, sägen oder bohren läßt. Es ist fast ganz unempfindlich und wird praktisch nur von Fluor angegriffen. Es ist wichtig vor allem auch für Zwecke der Elektrotechnik. Dicht neben dem Wolfram liegt Tantal und ebenso das Zirkon.

255. Legierungen. Die Zahl der Legierungen ist unerschöpflich. Jede Legierung ist heute so durchgebildet, daß sie eine bestimmte Spitzenleistung als Werkstoff darstellt. Hier sollen einige Namen anklingen, um bestimmte Vorstellungen zu begrenzen oder zu erweitern.

Leichtmetalle sollen bei geringem spezifischem Gewicht gesteigerte mechanische Eigenschaften haben. Duraluminium hat mehr als 90% Aluminium und ist die Grundlage der Flugzeugindustrie geworden, Magnalium hat 70 bis 98% Aluminium. Magnesium ist der wesentliche Bestandteil des Elektronmetalls mit etwa 90% Magnesium. Aber die Zahl der Legierungen aus Leichtmetall ist nicht mehr gut anzugeben. Korrosionsbeständig sind die Leichtmetalle nicht, man oxydiert die Oberfläche mit Elektrolyten und erzeugt beispielsweise Schichten von Aluminiumoxyd von bestimmbarer Dicke, wie z. B. mit dem oben genannten Eloxalverfahren. Solche Überzüge sind hart, liegen etwa bei Quarz und Korund, porös, aber fest und vorzüglich isolierend.

Legierungen für Schnelldrehstähle bestehen aus Kobalt, Chrom und Wolfram. Sie sind sehr hart, auch noch bei Rotglut, aber wenig bruchsicher. Widiametall enthält Wolframkarbid, also eine Wolfram-Kohlenstoffverbindung. Der Name Widia ist abgeleitet aus dem Begriff: wie Diamant. Mit diesem Werkstoff kann man Glas drehen und bohren. Noch härter ist die entsprechende Borverbindung, das Borcarbid, Warenzeichen „Norbide“. Besonders elastische und ermüdungsfeste Legierungen mit besseren Eigenschaften, als Stahlfedern sie besitzen, bestehen aus Kupfer–Nickel–Kobalt–Berylliumlegierungen. Noch wieder andere Legierungen haben hohe Beständigkeit gegen Säuren, besonders bruchsichere Legierungen dienen für chirurgische Instrumente und wiederum gibt es bestimmte Legierungen für Schalterkontakte und Schweißelektroden. Weiterhin bildet man dergleichen Zusammensetzungen mit Rücksicht auf möglichst niedrigen oder möglichst hohen Schmelzpunkt.

256. Keramische Massen sind Werkstoffe aus wechselnden Mengen von Aluminiumoxyd, Magnesiumoxyd und Siliziumdioxyd. Das Ziel ist stets Beständigkeit gegen hohe Temperaturen und Vermögen für gute Isolation. Weiter gehören dazu die bei hoher Temperatur gebrannten Oxyde von Beryllium, Zirkon und Thorium. Noch andere Eigenschaften kann man bei diesen keramischen Massen durch geeignete Zusammensetzung und Behandlung steuern: Gasdichtigkeit, Härte, Ausdehnungsbeiwert, Wärmeleitvermögen, Beständigkeit gegen Chemikalien, Härte bzw. mechanische Festigkeit, Dielektrizitätskonstante.

257. Etwas über das Löten[1]. Löten und Schweißen sind in gewissem Sinne ein Verkitten, nur daß sich der Vorgang auf 2 Metallteile bezieht. Der Kitt ist dabei ein geschmolzenes Metall, Lot genannt; beim Schweißen stimmt der Vergleich nicht ganz. Das *Lot* muß niedriger schmelzen als die beiden Metalle, die miteinander verbunden werden sollen. Weichlot schmilzt niedrig, bei etwa 180 bis 250° und besteht aus Blei–Zinnlegierungen, Hartlot schmilzt bei 600 bis 900° und besteht beispielsweise aus Messing. Bei den genannten Temperaturen muß die Oxydation der zu verbindenden Metalle durch Reduktions-, sogenannte Flußmittel, verhindert werden. Beim Weichlöten nimmt man dazu vorzugsweise eine Lösung von Chlorzink (Lötwasser), beim Hartlöten ist Borax das Gegebene. Ein Weichlot mit festem Schmelzpunkt besteht z. B. aus 64% Zinn und 36% Blei, Schmelzpunkt 181° C. Löten ist nicht immer ganz einfach, Löten von Zinn gegen Zinn ist beinah eine Kunst. Dazu nimmt man am besten eine sehr niedrig schmelzende Legierung. Für feinste Lötungen, sogenannte Mikrolötungen, gibt es besondere Zusammensetzungen. Lötwasser besteht aus einer wässerigen Lösung von 30 g Chlorzink und 10 g Ammoniumchlorid mit 60 g Wasser. Es greift die Metalle in der Nähe der Lötstelle mit der Zeit an. Daher soll die Lötstelle nach dem Löten gut abgewaschen werden. Säurefreie Löt-

[1] Vgl. Werkstattbuch Heft 28: v. LINDE, Das Löten.

pasten bewähren sich besser als Lötwasser. Helfen kann man sich mit Stearin oder Kolophonium. Aluminium kann man nicht ohne weiteres löten, es bedeckt sich sofort mit Aluminiumoxyd und die angegebenen Mittel reichen nicht aus, um dies zu reduzieren. Man muß Sonderlote verwenden oder — und zwar viel haltbarer — hartlöten. Vor dem Löten wird die betr. Stelle abgebürstet oder noch besser abgeschabt. Manchmal ersetzt man das Löten durch Verschmelzen. So werden z. B. die Bleifahnen von Akkumulatorenplatten ohne Lot verschmolzen. Hartgelötet wird immer dann, wenn es auf Festigkeit oder Beständigkeit gegen Temperaturen von über 180° C ankommt. Ein Hartlot ist z. B. eine Kupfer–Silber–Zink-Legierung mit einem Schmelzpunkt von etwa 750° C. In besonderen Fällen kann reines Silber oder sogar hochkarätiges Gold das richtige sein. An Stelle des Flußmittels Borax gibt es auch Hartlötwasser, z. B. Fluoron.

Das *Hartlot für Aluminium* besteht aus aluminiumreichen Legierungen, das Flußmittel enthält meistens Lithiumchlorid. Da die Legierungen aluminiumreich sind, muß man beim Löten vorsichtig sein, sonst schmilzt das zu lötende Metall weg. Aluminiumoxyd entsteht bei dem Verfahren nicht, das Löten geht glatt und die Lötstelle hält gut.

258. Lotverwandte Kitte. Über *Kitte* haben wir schon ausführlich gesprochen. Erwähnt seien hier noch einige Kitte, die für die Vakuumtechnik Bedeutung haben. Zunächst der *Wachs-Kolophoniumkitt* aus gleichen Teilen Kolophonium und gelbem Bienenwachs, das *Picein*, dessen Erweichungspunkt mit Lanolin erniedrigt werden kann, verschiedene Sorten von Sonder-Siegellack, ein sehr zäher Kitt aus geschmolzenem Schellack mit 10% Olivenöl usw. *Irreversibel* nennt man solche Kitte, die nicht wieder gelöst werden können und meistens beständig sind gegen hohe Temperaturen und Chemikalien. Zu nennen sind: Glyzerin-Bleiglättekitt, Wasserglas-Talkumkitt, Zinkoxychlorid-Kitt, Kaolin mit 10% Borax, mit Leinölfirnis verrührt und nach Eintrocknen auf der Kittstelle bis auf helle Glut erhitzt, Gips mit 2 bis 3% Leim und 1% Ammoniakalaun. Es gibt Kitte für jeden Zweck. Das sollen diese Anregungen erläutern.

259. Glas. Ein besonderer Glas-Werkstoff ist das *Quarzglas*. Seine mechanische Festigkeit ist nicht größer als die des gewöhnlichen Glases, man kann aber glühendes Quarzglas in kaltem Wasser abschrecken, ohne daß das Quarzglas springt, was manchmal wichtig ist. Quarzfäden sind u. a. ein Konstruktionsmaterial für Gehänge von Drehwaagen und Meßgeräten, ferner ist Quarzglas das spezifische Material für Apparate, die Durchlässigkeit für ultraviolette Strahlung erfordern. Im übrigen gibt es, auch ohne Quarzmaterial, Glas für alle möglichen Zwecke, mit ungefähr 80 Glassorten kann man wohl rechnen, wahrscheinlich sind es noch mehr. Geätzt wird Glas mit einer Glas-Ätztinte, die aus Flußsäure und Zusätzen besteht, die das Auslaufen der Schrift verhindern. Geschrieben wird auf Glas mit Fettstiften. Zum Kitten von Glas dienen die unter 258 genannten besonderen Mischungen. Zum Versilbern von Glas (Erzeugung von spiegelnden Flächen) reduziert man eine ammoniakalische Silberlösung mit Traubenzucker oder Seignettesalz. Viel zuverlässiger ist die Technik des Aufdampfens von spiegelnden Werkstoffen (Silber, Aluminium, Magnesium, Chrom). Der große Hooker-Spiegel der Mt. Wilson-Sternwarte wurde in Vakuum mit Aluminium bedampft. Es handelt sich um Verfahren, die denen, die wir bei der Oberflächenveredlung von Metallen besprochen haben, sehr ähnlich sind, nur müssen sie dem besonderen Werkstoff Glas angepaßt werden.

260. Umschlagfarben zum Messen der Temperatur. Das gelingt sehr gut auf chemischem Weg, z. B. mit Silber-Quecksilberjodid. Diese Substanz, ein Pulver, ist unter 45° C gelb, darüber hellrot. Verrührt man das gelbe Pulver mit Zaponlack und streicht das Lager einer Welle damit an, dann ist der Farbumschlag so präzise, daß man sofort sieht, ob die Welle kalt oder warm ist. Noch besser ist Kupfer-Quecksilberjodid, dessen rote Farbe bei 70° C in schokoladebraun umschlägt. Die Präparate sind käuflich und werden als Anstriche oder Farbstifte geliefert, mit denen man Intervalle zwischen 40 und 650° messen kann.

261. Korken und Flaschen werden in der Werkstatt meistens sehr nachlässig behandelt. Korken zum Verschließen von Flaschen müssen durch Rollen zwischen Brettchen oder mit einer Korkpresse weich gemacht werden. Gegen flüchtige Stoffe muß man sie abdichten, es steht so manche Flasche in der Werkstatt, aber der Inhalt geht dahin. Das Abdichten erfolgt am einfachsten mit einer Mischung von Wasserglas und aufgeschlämmtem Asbest. Das geht bei fast allen organischen Flüssigkeiten, über deren Eigenschaften man sich dann nicht lange den Kopf zu zerbrechen braucht.

262. Umfüllen von Flüssigkeiten. Nichts wird in der Werkstatt unvorsichtiger ausgeführt als das Umfüllen von Flüssigkeiten, einerlei, ob diese nun ätzend sind oder nicht. Flüssigkeiten sollen immer vorsichtig umgegossen werden. Bei ätzenden Flüssigkeiten muß man unter allen Umständen eine Schutzbrille anlegen. Fehlt dieser Schutz, sind die Folgen bei einfachster Hantierung meistens grauenhaft. Im übrigen gibt es gute, einfache Hilfsmittel: da ist z. B. der einfache Gummitrichter, der kegelig geformt ist und auf jedes Spundloch paßt, da ist der einfache Winkelheber, der mit Druckluft zum Fließen gebracht werden kann, und für ätzende oder giftige Flüssigkeiten vor allem auch der Giftheber mit langem Abzweigungsrohr, Verfasser weiß leider, daß alle Mahnungen zur Vorsicht beim Umfüllen von Flüssigkeiten so gut wie nichts nützen. Auch die Merkblätter der Berufsgenossenschaft nützen so gut wie nichts. Er möchte an dieser Stelle nur eins wünschen: daß in jedem Ausbildungslehrgang für Lehrlinge und Fortgeschrittene einmal die Bilder gezeigt würden, welche die medizinischen Veröffentlichungen der Augenärzte über Verätzungen durch simple Laugen und Säuren bringen. Es wäre nicht das schlechteste Rezept für die Werkstatt, wenn der Werktätige an seine eigene Sicherheit denken wollte. Ähnliches gilt für Staub und Dämpfe aller Art, bei denen die schützenden Geräte vorgeschrieben und so gut wie stets auch vorhanden sind, aber nie benutzt werden.

263. Berechnung des Faßinhaltes. Der Inhalt eines Fasses (soweit kein Zylinder) ist annähernd gleich $1/12\ [\pi\, \mathrm{h}\, (2\, D^2 + d^2)]$, wobei D der größte Durchmesser, d der kleinste Durchmesser ist. Diese Formel fehlt in der Werkstatt fast immer, während die Inhaltsberechnung von Kugel und Zylinder vorausgesetzt werden kann.

Schrifttumverzeichnis.

1. TSCHORN: Materialprüfung und Betriebsüberwachung in der Eisen- und Stahlgießerei. Halle (Saale): 1951.
2. RÖMPP: Chemie Lexikon, Stuttgart: 1952.
3. MEDICUS-REUTHER: Kurze Anleitung zur chem. techn. Analyse. Leipzig: 1951.
4. MACHU: Metallische Überzüge. Leipzig: 1948.
5. Handbuch der Nitrozelluloselacke. Berlin: 1952.
6. KITTEL: Farben, Lack- und Kunststofflexikon. Stuttgart: 1952.
7. RUMMEL: Werkstoffe, Betriebs- und Werkstattrezepte. Bielefeld: 1950.
9. Zeitschrift „Werkstoffe und Korrosion." Organ der Dechema-Beratungsstelle für Werkstoff-Fragen.
10. Zeitschrift „Metalloberfläche" (Praxis der Galvanotechnik).
11. v. ANGERER: Technische Kunstgriffe bei physikalischen Untersuchungen. Braunschweig: 1944.
12. The „Merck Index", Rahway, N. J., USA: 1952.

(721/9/54). 57 275 4022.

II. Spangebende Formung (Fortsetzung)

III. Spanlose Formung

IV. Schweißen, Löten, Gießerei

(Fortsetzung 4. Umschlagseite)